畜禽饲养管理与疾病防治问答系列丛书

放养管理与疾病防治问答

◎ 施力光　主编

中国农业科学技术出版社

图书在版编目（CIP）数据

土鸡放养管理与疾病防治问答 / 施力光主编 . — 北京：
中国农业科学技术出版社，2018.5
ISBN 978-7-5116-3647-8

Ⅰ . ①土… Ⅱ . ①施… Ⅲ . ①鸡－饲养管理－问题解答
②鸡病－防治－问题解答 Ⅳ . ① S831.4-44 ② S858.31-44

中国版本图书馆 CIP 数据核字（2018）第 082010 号

责任编辑 张国锋
责任校对 李向荣

出 版 者 中国农业科学技术出版社
北京市中关村南大街 12 号　邮编：100081
电　　话 （010）82106636（编辑室）（010）82109702（发行部）
（010）82109709（读者服务部）
传　　真 （010）82106631
网　　址 http://www.castp.cn
经 销 者 各地新华书店
印 刷 者 北京富泰印刷有限责任公司
开　　本 880mm×1 230mm　1/32
印　　张 5.5
字　　数 162 千字
版　　次 2018 年 5 月第 1 版　2018 年 5 月第 1 次印刷
定　　价 22.00 元

编写人员名单

主　　编　　施力光

副 主 编　　宋成斌　张　昆

编　　委　　荀文娟　李　童　李连任　李长强

　　　　　　闫益波　李明耀　许贵宝　侯和菊

　　　　　　杨祥福　季大平　董安福　花传玲

　　　　　　郝常宝　杨　利　李迎红　刘冬梅

　　　　　　夏奎波　王立春　刘　鹏　刘晓燕

　　　　　　苏晓东　杨树国　徐希万

前　言

《畜禽饲养管理与疾病防治问答》是一套新型职业农民从事养殖业的必备参考书，是作者针对当前农村养殖业的生产实际，总结近年来农业科技推广经验的基础上编写而成。全套书由农业科学院专家、学者和生产一线技术服务人员共同参与编写，内容全面系统，实用性强。

《畜禽饲养管理与疾病防治问答》分 10 个分册，前期已经出版《肉牛饲养管理与疾病防治问答》和《肉羊饲养管理与疾病防治问答》。这次出版的是生猪、蛋鸡、肉鸡、土鸡、家兔、蛋鸭、肉鸭、鹅等的饲养管理与疾病防控技术，内容包括饲养品种与繁殖、饲料与营养、饲养管理以及养殖场常见疾病防控等内容。《土鸡放养管理与疾病防治问答》，从饲养环境、饲养方式、饲料配制、管理技术、疫病控制等方面，全方位介绍了土鸡生态放养的规范化操作技术。

在编写过程中，力求语言通俗易懂，简明扼要，既注重普及，又兼顾提高，更注重实用性和可操作性。让广大土鸡生态放养者一看就懂，一学就会，用后见效。本书可供新型职业农民从事土鸡养殖生产使用，也可供饲养人员、为畜禽场提供兽医技术服务的临床兽医使用，还可作为畜牧兽医教学、科研的参考资料。

编者虽然百般努力，力求广采博取，但由于水平所限，本书仍难免挂一漏万，珠沙并蓄。在此，还望广大读者和同行们对不妥之处不吝指出，以便以后不断修正补充。

向为本书提供资料、支持本书编写的同仁深表感谢，书中引用资料较多，由于篇幅有限未能一一列出，在此谨一并表示谢意。

编者

2018 年 3 月

目 录

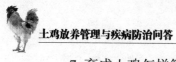

第一章　土鸡生态放养基础知识

1. 如何界定土鸡品种

土鸡也叫草鸡、笨鸡，是指放养在山野林间、果园的鸡。具有耐粗饲、就巢性和抗病力强等特性，肉质鲜美；土鸡蛋在城乡市场上畅销，且蛋价也高于普通鸡蛋。鸡肉、蛋品质优良、营养丰富，市场需求前景广阔。

（1）体型外貌特点　我国土鸡品种众多，体型和体貌差异较大。从外观上看，土鸡的头小、体型紧凑、胸腿肌健壮、鸡爪细；冠大直立、色泽鲜艳。仿土鸡接近土鸡，但鸡爪稍粗、头稍大。快长型鸡则头和躯体较大、鸡爪粗，羽毛较松，鸡冠较小。

目前市场上出售的土鸡分为纯正土鸡和快大土鸡。由于品种间相互杂交，因而纯正土鸡的羽毛色泽较杂，常见有"黑、红、黄、白、麻"等；脚的皮肤也有青色、黄色、黑色、灰白色等。快大土鸡是与国外肉鸡品种杂交的后代，通常称为"仿土鸡"，若含外血较大，则不能称作真正意义上的土鸡。

鸡宰杀洗净后，土鸡、仿土鸡、快长型肉鸡三种鸡的差别更明显。纯正的土鸡皮肤薄、紧致，毛孔细，呈网状排列；仿土鸡皮肤较薄、毛较细，但不如土鸡；快长型鸡则皮厚、松弛，毛孔较粗。土鸡和仿土鸡最重要的特点是肤色偏黄、皮下脂肪分布均匀；快长型鸡的肤色光洁度较大，颜色也偏白。土鸡和仿土鸡烧好后肉汤透明澄清，脂肪团聚于汤汁表面，有香味；快长型鸡则肉汤较浊，表面脂肪团聚较少。

（2）分类　根据用途，土鸡可分为蛋用型（仙居鸡、济宁百日鸡等）、蛋肉兼用型（边鸡、北京油鸡、固始鸡等）、肉用型（河田鸡、溧阳鸡等）、药用型（金阳丝毛鸡、乌蒙乌骨鸡等）、药肉兼用型（兴

1

文乌骨鸡、沐川乌骨鸡等）和观赏型（鲁西斗鸡、丝毛乌骨鸡等）五大类。

（3）地域不同品种各异　我国幅员辽阔，各地都有自己的特色土鸡品种。青藏高原区有藏鸡；蒙新高原区有边鸡、中国斗鸡（吐鲁番鸡）；黄土高原区有静原鸡、边鸡、略阳鸡、正阳三黄鸡；西南山地区有彭县黄鸡、峨嵋黑鸡、武定鸡、中国斗鸡（版纳斗鸡）；东北区有林甸鸡、大骨鸡；黄淮海区有北京油鸡、寿光鸡、济宁鸡、琅琊鸡；东南区有浦东鸡、仙居鸡、萧山鸡、白耳黄鸡、丝毛乌骨鸡（江西的泰和鸡、福建的白绒鸡、广东的竹丝鸡）、江山白羽乌骨鸡、崇仁麻鸡、河田鸡、惠阳胡须鸡、杏花鸡、清远麻鸡、霞烟鸡、桃源鸡、固始鸡、溧阳鸡、鹿苑鸡、狼山鸡、中国斗鸡（中原斗鸡、漳州斗鸡）。

2. 土鸡生态放养的具体要求是什么？

土鸡生态放养要抓住原始、生态、无污染环节，实行自由放养，让鸡群觅食昆虫、嫩草、树叶、籽实和腐殖质等天然饲料，科学补料为辅，限制化学药品和饲料添加剂的使用，禁用激素和合成促生长剂，通过良好的饲养环境、科学饲养管理和卫生保健措施，最大限度地满足鸡群的营养、生理和心理需要，提高鸡群自身免疫力，使肉、蛋产品达到无公害食品乃至绿色食品的标准。

土鸡生态放养，并非让鸡全部采食野生的饲料，而是要根据土鸡的营养需求，在采食野生饲料的同时，适当补充全价饲料，以保证土鸡的生长、生产潜能的最大限度发挥。

这样一来，我们对土鸡生态放养的内涵，就有了如下的理解：土鸡生态放养，就是利用林地、果园、草场、荒山荒坡、河堤、滩涂等自然生态资源，根据不同地区自然环境的特点和特性，选择比较开阔的缓山坡或丘陵地，搭建简易鸡舍，实行舍饲（雏鸡培育阶段在鸡舍内养殖、放养阶段晚上鸡在舍内休息、过夜）和放养（1~2个月后白天在林地散放饲养）相结合的养殖方法。放养的土鸡，是土鸡原种或由其配套系生产的杂交一代土鸡（仿土鸡）。

土鸡生态放养是在现代农业可持续发展的大背景下运用生态学的

原理，使农、林、果等农业种植生产和传统的散放饲养及现代科学饲养等畜牧生产方式做到有机结合，充分利用广阔的林地、果园等自然资源，进行养鸡生产，达到以林养牧、以牧促林的良好效果。并通过建立良性物质循环，实现资源的综合利用，既保护生态环境，又增加农民收入，实现生态效益、经济效益和社会效益的统一。

3. 土鸡生态放养有哪些优点？

（1）土鸡蛋、土鸡肉质优味美 由于近年来我国经济的快速发展，人民生活水平的日益提高，人们厌倦了缺少"鸡味"的饲料鸡、圈养鸡等的消费，出于对养生与健康的要求，越来越重视饮食质量。土鸡产品因为无污染，少药残，野味浓，营养丰富，受到了越来越多人的青睐，价格也逐年走高。

与现代配套系鸡相比，土鸡蛋干物质率高、全蛋粗蛋白质、粗脂肪含量均较高、味道香。全蛋干样中谷氨酸含量高达15.48%，而谷氨酸是重要的风味物质，再加上水分低、营养浓度大，使得土鸡蛋口味好、风味浓郁。

与现代配套系鸡相比，土鸡肉屠宰率高、腹脂率低、胸肌率高、胸肌的肌纤维直径小、肌纤维密度大、肉质鲜嫩，而肌肉中肌苷酸含量高使土鸡肉味道鲜美。土鸡蛋、土鸡肉历来就深受消费者欢迎。

（2）科学放养，生产鸡蛋、鸡肉高端产品 实际上，消费者对土鸡产品的要求比较挑剔。他们需要原汁原味的、不导入高产引进鸡种基因的纯正地方鸡种，而且要采用放养方式养殖，不喂工厂化饲料，不添加任何药物和添加剂。严格意义上讲，也只有这种原汁原味的品种，加上最原始的养殖方式生产的鸡肉和鸡蛋，才可以称得上是真正的土鸡肉和土鸡蛋。

生态养鸡，回归自然，环境优越，空气新鲜，阳光充足，饲养密度小。加上鸡只自由活动，采食天然饲料，有利于发挥土鸡优良的遗传潜力。实践证明，科学放养可以提高土鸡蛋的品质（提高蛋黄色泽、蛋黄磷脂含量、蛋白质含量、蛋白黏稠度，降低胆固醇含量，改善蛋壳质量），可以提高鸡肉品质。放养过程中，土鸡活动量大，体内能量消耗较笼养鸡多，造成脂肪的沉积减少；放养摄食的矿物质量也充足，其骨质结实，肉质致密，味道较浓。

特别是山区的草场、草坡有大山的自然屏障作用，极大地减少了传染病的发生，鸡群更加健康。生产出的优质鸡蛋、鸡肉高端产品味美、安全，售价较高，无论在城市超市还是乡镇农贸市场都受到消费者青睐，显著提高了市场竞争力。

（3）降低饲养成本，提高养鸡收益　生态放养的土鸡，自由采食草籽、嫩草等植物性饲料，并大量捕食多种虫体（动物性饲料），在夏秋季节适当补料即可满足其营养需要，可节省1/3的饲料。同时，配合灯光、性信息等诱虫技术，可大幅度降低果园、林地、农田虫害的发生率，减少农药的使用量，对环境和人类的健康也十分有利，一举多得。例如，在枣园中推行立体生态养鸡模式：树上结枣、树下养鸡、枣叶、杂草用来喂鸡。鸡啄食害虫减少枣树虫害，从而减少农药用量，另外鸡粪还可肥田。

（4）投资少，效益高　笼养现代配套系鸡需要投资较大的鸡舍和笼具，而生态放养土鸡的鸡舍建筑简易，无需笼具，投资较小，适于经济欠发达地区的农民采用。同时，由于节省饲料、投资小、疾病少、生产成本低，产品售价高，规模化生态养土鸡的收益明显提高。一般放养土鸡肉用，每只比集约化饲养"快大型"肉鸡收入高6~10元；放养土鸡产蛋，每只比笼养鸡收入高10~20元。

（5）降低环境污染　笼养鸡一直是我国蛋鸡生产的主体，特别是人口密集的平原农区，紧靠农居修建鸡舍、场舍密集、鸡混杂，排泄物对空气、水源、土地等环境造成严重污染，夏、秋季更是成为蚊蝇的孳生地，影响居民身心健康。生态放养土鸡，远离居民区，饲养密度低，加之环境的自然净化，可使排泄物培肥土壤，变废为宝。

4．土鸡生态放养与传统意义上的放养有哪些优势？

（1）鸡种　生产纯种的土鸡目前时机还不成熟，因为没有经过选育的纯粹的地方鸡种，产肉率、产蛋率与生产效益不成正比。多数土鸡下蛋较少，一般一年下蛋120~150枚；产肉率低，180天长到1.5~2千克。所谓土鸡蛋好吃、土鸡肉好吃，主要还是因为这类鸡生长速度慢、生产水平低的原因。和从国外引进的专用型品种如良种肉鸡、良种蛋鸡比较，从生产水平和经济价值上来看，是缺少优势的。虽然产品有市场，但是不能转化为规模生产的现实生产力，规模生产者没有效率的支撑，就很难生存下去，因此，生产纯种的土鸡产品，不可能形成规模效益。

重点推广经过系统选育、能生产高质量鸡蛋、鸡肉的地方鸡种——土鸡。这一类鸡经过系统选育或利用地方良种配种，具有生态型地方良种的特性，其肉、蛋风味、滋味、口感、营养俱佳，生产性能也较高，适应性强，适合规模放养，是生态放养鸡的首选鸡种。

而目前传统的农家庭院放养的虽然也称为"土鸡"，但多是未经系统选育提纯的鸡，群体内个体间生产性能不一致。特别是杂交乱配严重，鸡种来源混杂，羽毛、外貌、生产性能差，不利于规模化饲养。

因此，土鸡生产并不仅仅局限于把土鸡原种直接推向市场，而是要培育配套系，生产杂交一代土鸡供应市场，这才符合行业发展方向。

培育土鸡多用配套系，是针对中国市场的差异化选择和创新，可以用于专门化生产土鸡、土鸡蛋或仿土鸡、仿土鸡蛋，淘汰的种鸡还可做售价不菲的"优质老母鸡"。其优点是：可以通过多用途和灵活的生产方式，应对变幻莫测的市场行情；以多用途的附加值，应对进口鸡种单一的、难以企及的生产性能。由于配套系含有一定的地方鸡血统，所以适应性更好，适合在房前屋后放养，能够解决广大农民自身动物蛋白供应的问题；也适合适度规模的放养生产。

（2）规模和设施　不是一家一户十只八只的零星放养，而是以规模为基础（上百只为起点）的饲养群体；修建和配备相应的设施，比如鸡舍，不是在庭院垒砌的传统的日出而动、日落而归的小鸡窝，而是在放养地建造的既可以防风避雨，又可以产蛋休息，还可以人工管理的鸡舍。

（3）饲料　并非完全靠外面自由采食野食，而是天然饲料和人工饲料相互补充，植物饲料、动物饲料和微生物饲料合理搭配的类天然饲料。

（4）管理和防病　不是只放不养、任其自生自灭的随意粗放管理，而是根据鸡的生物学特性、放养鸡的特殊规律、放养地的环境条件、季节气候等因素而设计的严格的管理方案，精细管理。同时根据当前鸡易流行的主要传染病，结合当地鸡种特有的发病规律和放养地实际而制定的免疫程序及防治措施。

（5）组织　不是一家一户自发盲目发展，而是有组织，有计划地进行。既有政府的宏观指导，又有科技部门和科技人员的广泛参与，更有经济实体龙头企业牵头，实施产供销一体化。

5. 土鸡产品有什么特点？

目前我国消费的土鸡产品主要以鲜蛋类和鲜肉类产品为主，部分产品深加工后采取真空包装等方法进行保鲜处理，便于携带与长途运输，可作为礼品馈赠亲友；有些羽毛色泽光鲜亮丽的品种还可以加工成标本作为工艺品销售；还有一些具有较高的药用价值，可以作为保健品直接食用或制成药物用于治疗（如乌鸡白凤丸等）。

（1）土鸡肉　放养的土鸡，饲养空间大，养殖环境好，空气清新，光照充足，养殖时间长，饮用水是附近山泉的水，吃的食物是周围的各种植物和小虫子，或专门配制的不添加任何化学药物、抗生素的全价日粮，所以土鸡的风味好，安全，营养价值比较高。主要表现在：

相比现代饲养的快大型肉鸡，土鸡的肉更加结实，肉质结构和营养比例更加合理。土鸡肉中含有丰富的蛋白质，微量元素等营养素，脂肪的含量比较低，对人体的保健具有重要的价值，是我们中国人比较喜欢的肉类制品，属于高蛋白的肉类。

鸡肉皮中含有丰富的胶质蛋白，能够被人体迅速吸收和利用，是一种非常好的胶质，可以作为滋补食品。以前孕妇生产以后，用土鸡来炖汤可以促进身体的恢复，现在的人在患病以后的康复饮食中炖土鸡汤也是很好的选择，经常吃土鸡能够增强人体的体质，提高人体的免疫能力。

（2）土鸡蛋　人们通常认为，土鸡放养在自然环境中，吃的都是用天然饲料原料配制的全价日粮，不添加任何化学物质、药物，产出的鸡蛋品质自然会好一些。而一般养鸡场生产的鸡蛋，也就是人们常说的"洋鸡蛋"，因采用了专门的产蛋鸡种和全价配合饲料，其品质可能不如土鸡蛋。特别是因为有些配合饲料可能会违规加入了化学药物、抗生素，以促进鸡快速生长、多产蛋，避免在淘汰之前出现病死，因而洋鸡蛋可能会含有对人体健康有危害的物质。因此，即使价钱贵出许多，很多人还是愿意购买土鸡蛋，尤其是给老人、孕妇和孩子吃。

从鸡蛋的外观上看，土鸡蛋个稍小、色浅，较新鲜的有一层薄薄的白色的膜，蛋壳坚韧厚实；蛋黄呈金黄色，蛋清清澈黏稠，略带青黄；将熟鸡蛋剥壳放在手中揉捏，即使被捏的扁扁的，蛋白也不会开裂，还是一只完整的鸡蛋。土鸡蛋一般人均可食用，特别适宜体质虚弱，营养不良，贫血及妇女产后、病后调养；适宜婴幼儿发育期补养。

6. 土鸡生态放养发展前景如何？

随着人们生活水平的提高和社会文明的进步，笼养蛋鸡疾病威胁严重，产品药残难以控制，污染破坏生态环境等问题日益明显。而以回归田野放养形式的规模化生态放养土鸡因其产品质量优、风味好、符合生态保护政策，越来越受消费者青睐和社会肯定。目前，欧美一些国家笼养和放养鸡蛋各自标明，且价格不同。基于食品安全和动物福利的考虑，欧盟规定 2012 年后，产蛋鸡禁止笼养，提倡放养，也传达了世界这一重视产品质量、生态环境和动物福利的新信息。

在我国，生态放养土鸡与集约化笼养现代配套系鸡这两种养殖形式并非对立、矛盾，而是相辅相成的。两种养殖形式瞄准不同消费群体，满足鸡蛋、鸡肉消费市场多样化需求。特别是在改善质量、发展优质高端禽产品上，生态放养土鸡肯定会独树一帜，大放异彩。通过发展生态放养土鸡，各地农村都涌现出许多增收致富的好典型。作为养鸡业一个新的增长点和突破口，肯定会成为一个有利于农业增产，农民增收，繁荣农村经济的大产业。

7. 土鸡生态放养有哪些具体要求？

（1）土鸡品种选择　选择中国境内品种，最好适合当地消费习惯、适应当地自然条件的本地特色品种。也可选择由当地土种鸡选育形成的配套系品种，或简单杂交后的杂交一代。

（2）饲料要求　土鸡的放养，对饲料的要求很有讲究。土生土长的土鸡，原来吃青草、虫子、杂粮。为了提高生产效益，土鸡经过选育，因此，在配制土鸡饲料时，要因地制宜，利用当地各种动、植物饲料资源，做到饲料原料多样化，土鸡的生产性能才能大幅度提高。但是，所配制的全价日粮，必须不添加任何化学药物、抗生素和激素。

（3）场地要求　必须在宽敞、舒适的养殖场地，能够满足其生物学习性。空气是对鸡肉质量影响最大的因素，在压抑环境下长大的鸡，不仅口感不好，对人体还会产生不良影响。

为鸡群提供一个清洁的环境，保证环境不受各种污染；讲究环境友好，在养鸡的过程中不会对环境自然生态造成严重破坏。

（4）运动很重要　土鸡之所以"鸡味"浓，很大程度上得益于运动。因为鸡在运动的时候，肌肉可以得到充分生长和发育，肌间脂肪丰富，芳香性物质在脂肪中的比例增加，味道自然很香。因此，要保证土鸡充足的运动量。

8. 我国优质蛋用型土鸡有哪些品种？

（1）仙居鸡　又称梅林鸡，是浙江省优良的小型蛋鸡地方品种。主要产于浙江省仙居县及邻近的临海、天台、黄岩等县。分布于浙江省东南部。仙居鸡历来饲养粗放，主要靠放牧，野外自由觅食，因此体格健壮，适应性强。

（2）济宁百日鸡　原产于山东济宁市，属蛋用型品种。

济宁百日鸡体型小而紧凑，背部呈 U 字形。头型多为平头，凤头仅占 10%。母鸡毛色有麻、黄、花等羽色，以麻鸡为多。麻鸡头颈羽麻花色，其羽面边缘金黄色，中间为灰或黑色条斑，肩部和翼羽多为深浅不同的麻色。公鸡羽色较为单纯，红羽公鸡约占 80%，次之为黄羽公鸡，杂色公鸡甚少。单冠，公鸡冠高直立，冠、脸、肉垂鲜红色。脚有铁青色和灰色两种。皮肤多为白色。

（3）绿壳蛋鸡　是世界上稀有的鸡品种，绿色壳是一个稀有质量性状，由染色体显性绿壳基因控制，据报道全世界只有我国和智利拥有。我国的地方品种中江西的东乡黑鸡，湖北的麻城绿壳蛋鸡都产绿壳蛋，四川的旧院黑鸡群体中约5%的鸡产绿壳蛋，河南的卢氏鸡群体中约有4%个体产绿壳蛋，以上鸡种都是绿壳蛋的优良育种素材。

（4）芦花鸡 是优质鸡，原产山东汶上县，该品种全身羽毛均为黑白相间、宽窄一致的斑纹，羽毛紧覆全身各部，显得清秀美观；芦花鸡耐粗抗病，适应性好，觅食力强，产卵较多，肉质好，味道鲜美，深受群众喜爱。

9. 我国优质肉用型土鸡有哪些品种？

（1）河田鸡 产于福建省长汀、上杭两县，属于肉用型品种。

河田鸡体近方形，有"大架子"（大型）与"小架子"（小型）之分。雏鸡的绒羽均深黄色喙、胫均黄色。成年鸡外貌较一致，单冠直立，冠叶后部分裂成叉状冠尾。皮肤肉白色或黄色，胫黄色。公鸡喙尖呈浅黄色。头部梳羽呈浅褐色，背、胸、腹羽呈浅黄色，蓑羽呈鲜艳的浅黄色，尾羽、镰羽黑色有光泽，但镰羽不发达。主翼羽黑色，有浅黄色镶边。母鸡羽毛以黄色为主，颈羽的边缘呈黑色，似颈圈。

（2）溧阳鸡 溧阳鸡属肉用型品种。体型较大，体躯呈方形，羽毛、喙和脚的颜色多呈黄色。但麻黄、麻栗色者亦甚多。

溧阳鸡是江苏省西南丘陵山区的著名鸡种，当地亦以"三黄鸡"或"九斤黄"称之。溧阳市位于太湖西侧，属苏、浙、皖三省交界岭的"北坡"。溧阳鸡的中心产区是在该市的西南丘陵山区，以茶亭、戴埠、社渚等地较多，其中以茶亭莘塘的大鸡最为有名。分布于中心产区周围地带。

（3）桃源鸡 桃源鸡是湖南省的地方鸡种，它以体型高大而驰名，故又称桃源大种鸡。

（4）惠阳胡须鸡 惠阳胡须鸡，又名三黄胡须鸡、龙岗鸡、龙门鸡、惠州鸡，原产于广东省惠阳地区，是我国比较突出的优良地方肉用鸡种。它以种群大、分布广、胸肌发达、早熟易肥、肉质特佳而成为我国活鸡出口量大、经济价值较高的传统商品。与杏花鸡、清远麻鸡一样被誉为广东省三大出口名产鸡之一，在港澳市场久负盛名。它因颌下有张开的髯羽、状似胡须而得名。

（5）清远麻鸡　原产于广东省清远市清新县。又名清远走地鸡，就是家养土鸡。因母鸡背侧羽毛有细小黑色斑点，故称麻鸡。它以体型小、皮下和肌间脂肪发达、皮薄骨软而著名，素为我国活鸡出口的小型肉用鸡之一。

（6）杏花鸡　杏花鸡具有早熟、易肥、皮下和肌间脂肪分布均匀、骨细皮薄、肌纤维韧嫩等特点。属小型肉用优质鸡种，是中国活鸡出口经济价值较高的名产鸡之一。

（7）丝毛乌骨鸡　我国的乌鸡品种虽然众多，但最著名的还是丝毛乌骨鸡。丝毛乌骨鸡两广称为竹丝鸡、江西称为泰和乌鸡，福建称为白绒鸡，是我国特有国家保护品种，1874年被列为国际标准品种。

（8）文昌鸡　文昌鸡是海南优良鸡种。原产海南省文昌市。传统文昌鸡的外型总括为"三小两短"，即头小、颈小、脚小、颈短、脚短。

10. 我国优质蛋肉兼用型土鸡品种有哪些?

（1）边鸡（右玉边鸡）　属肉蛋兼用型，是一个蛋重大、肉质好、适应性强、耐粗抗寒的优良地方鸡种。产于内蒙古自治区与山西省北部相毗连的长城内外一带，因当地人民视长城为"边墙"，所以称这一鸡种为边鸡（在山西省也称为右玉鸡）。主要分布在内蒙古乌兰察布盟的凉城、和林、丰镇、兴和、卓资、察哈尔右翼前旗、察哈尔右翼中旗、四于王旗、武川和山西省雁北地区的右玉县，以凉城、卓资、察哈尔右翼中旗和右玉县较为集中。

（2）北京油鸡（宫廷黄鸡）　蛋肉兼用型，原产于北京城北侧安定门和德胜门的近郊一带，其邻近地区海淀、清河等也有一定数量的分布。因具有外观奇特、肉质优良、肉味浓郁的特点，故又称宫廷黄鸡。北京油鸡抗病力强，成活率高，易于饲养，是目前土蛋鸡养殖的更新换代品种，养殖开发潜力巨大。现为国家级重点保护品种和特供产品，北京市特色农产品开发的重点。

（3）固始鸡　属蛋肉兼用型，具有耐粗饲、抗逆性强、肉质细嫩等优点。自然放养的固始鸡自由觅食，食青草、小虫，其具有产蛋多、蛋大壳厚、耐贮运、蛋清稠、蛋黄色深、营养丰富、风味独特、遗传性能稳定等特点。为我国宝贵的家禽品种资源之一。

11. 我国优质药用型土鸡品种有哪些？

（1）金阳丝毛鸡 主产于四川凉山州，与产于中国江西、福建和广东的丝毛鸡在体形外貌、生产性能和遗传性等方面均有显著的区别。

外貌特点是全身羽毛呈丝状，头、颈、肩、背、鞍、尾等处的丝状羽毛柔软，但主翼羽、副翼羽和主尾羽具有部分不完整的片羽。由于该鸡全身羽毛呈丝状，似松针或羊毛，故当地群众称为"松毛鸡"或"羊毛鸡"。

（2）乌蒙乌骨鸡 主产于云贵高原黔西北部乌蒙山区的毕节市、织金、纳雍、大方、水城等地，是贵州省的药肉兼用型鸡种。

12. 我国优质药肉兼用型土鸡品种有哪些？

（1）兴文乌骨鸡 又名四川山地乌骨鸡，属肉药兼用型鸡种。主产于四川省南部山地的兴文县，分布于珙县、筠连、高县、叙永等地，宜宾、屏山和江安等地南部的山丘地带亦有少量分布。

兴文乌骨鸡体型较大，体质结实，健壮。冠型大多为单冠，复冠很少。大多数喙、冠、肉髯、睑、胫、趾、皮肤和舌头均为乌黑色，屠宰后可见肉乌、骨乌和内脏乌（群众称十全乌骨鸡），也有舌头不乌的白肉乌骨鸡（当地群众称半乌骨鸡）。全身黑羽鸡居多，麻黄羽次之，白羽甚少。羽毛形状大多数是片羽，翻羽和丝毛羽少见。

（2）沐川乌骨黑鸡 属药肉兼用型鸡种，是四川省地方特优品种，又称大楠黑鸡。其中心产区在四川省沐川县的大楠、底堡、干剑、沐溪、建和、幸福、永福和炭库八个乡、镇。分布于沐川全县及其毗邻县、区的浅丘、二半山区。

沐川乌骨黑鸡体躯长而大，背部平直，胸丰满。头中小，清瘦。喙短，前端稍弯曲，呈黑色。冠型单冠、玫瑰冠、复冠，呈黑灰色，冠直立，冠齿5~7个。肉髯乌黑色。耳叶椭圆形。睑部皮肤松弛、粗糙，呈黑色或紫色。眼椭圆形，暗黑色，瞳孔、虹彩乌黑色。颈弯曲适中。主尾羽发达、直立。全身羽毛黝黑，泛蓝绿色光，鞍羽和尾羽更为明显。全身皮肤乌黑色。胫较长，多数有胫羽，趾乌黑色。

13．我国观赏型土鸡品种有哪些？

鲁西斗鸡是观赏型土鸡的代表品种。

鲁西斗鸡古称唆鸡，俗称咬鸡，是我国特有的观赏型珍贵鸡种，享誉中国四大斗鸡之首。原产于山东西南部古城曹州一带，即今菏泽、嘉祥、曹县、成武等县。

14．土鸡生活习性有哪些？

（1）喜暖性　土鸡喜欢温暖干燥，不喜欢炎热潮湿的环境。在选择放养场地时，要注意环境条件的适合性，最好建在地势较高、不易积水的地方，坡地要选在阳坡。

（2）合群性　土鸡一般不单独行动，其合群性强。刚出壳几天的雏鸡，就会找群，一旦离群就叫声不止。因此，土鸡很适合群体放养。

（3）登高性　土鸡喜欢登高栖息，习惯上栖架休息，黑夜时鸡完全停止活动，登高栖息。在养殖区内应安排有与养殖量相应的栖架以利于鸡群休息。

（4）认巢性　公、母土鸡能很快适应新的环境、自动回到原处栖息。同时，拒绝新鸡进入，一旦有新鸡进入便出现长时间的争斗，其中公鸡间的争斗更为剧烈。这都说明土鸡的认巢性很强。所以在饲养过程中不要轻易改变环境、合群和并群。

（5）恶癖　高密度养鸡常造成啄肛、啄羽等恶癖。因此在养殖过程中要在一定空间条件下设定饲养量，以免造成不必要的损失。

（6）抱窝性　即就巢性。土鸡一般都有不同程度的抱窝性，在自然孵化时是母性强的标志。但这种特性在实际生产中能影响生产性能。因此饲养过程中应注意及时发现并采取醒抱措施。

（7）应激性　任何新的声响、动作、物品等突然出现都会引起胆小怕惊土鸡的一系列应激反应，如惊叫、逃路、炸群等。因此设定养殖区时注意远离和避开城镇、厂矿、铁路、公路和噪声较多的环境，并注意恶劣天气如大风、雷电等环境时对鸡群进行提前防护。

（8）杂食性　土鸡的食谱广泛，觅食力强，可以自行觅食自然界各种昆虫、嫩草、植物种子、浆果、嫩叶等食物。因此，可以利用草场、草坡、林间、果园等自然资源，进行土鸡放牧饲养，减少精饲料消耗，降低生产成本，生产绿色产品。

（9）喜食粒状食物 土鸡的喙便于啄食粒状饲料，所以土鸡喜欢采食粒状饲料。在不同粒度的饲料混合物中，首先啄食直径3~4毫米的饲料颗粒。所以加工饲料时要定粒度，而且粒度均匀，有利于土鸡采食和满足均衡的营养需要。

（10）同步采食 土鸡喜欢群居生活，同时采食饮水。自然光照条件下，成年土鸡每天有两个采食饮水高峰期，一是日出后2~3小时，二是日落前2~3小时前，在两个时段要保证饲料供应，满足生产、产蛋的需求，同时配足料槽、饮水器等，满足均衡生长的需要。

15. 生态放养土鸡品种选择有哪些要求？

随着养鸡业的不断发展和科学技术在养鸡业上的运用，人们完全可以创造条件，适应土鸡产肉、产蛋的生理需求而不受外界环境的影响。因此，鸡的品种选择对提高生产性能和经济效益至关重要。应选养皮薄骨细、肌肉丰满、肉质鲜美、抗逆性强、体型中小型的有色羽毛的地方品种，或者含有地方血统的杂交鸡。另外，所饲养的品种要适应当地的气候环境；销售时，能够满足销售市场的需求。具体讲，在品种选择时应注意以下原则。

（1）从质量好、信誉度高的种鸡场购雏鸡 土鸡饲养效益的好坏与所养鸡的品种有密切关系，如果鸡的品种不纯正，整齐度就差（即鸡只大小不均匀），很难取得高产。所以，从信誉度高、质量好、无传染病的正规厂家选择适合当地自然条件、品种纯正、优质、健康、生长快、产肉或产蛋率高的鸡苗是养好土鸡的基础。

（2）选择适销对路的优质土鸡 随着经济条件好转，人们生活水平不断提高，沿海发达地区和大中城市的消费者越来越注重安全健康，越来越喜爱生态放养鸡，绿色健康食品成为目前消费的主流，在生态养鸡过程中应当遵循这一特点，选择那些能够提供优质产品的品种，符合市场的需求。例如，在蛋鸡的养殖中可选择蛋品质量好的品种，如绿壳蛋鸡；在肉鸡的饲养中可以选择屠体美观和肉质鲜嫩的鸡种，蛋肉兼用型可以选择固始鸡、芦花鸡等。

（3）适应性强　生态养鸡放养阶段是在林地、果园等野外，外界环境条件不稳定，如温度、气流、光照等变化大，还会遭受雷鸣闪电、大风大雨、野兽等动物侵袭等一些意想不到的刺激，应激因素多，再加之管理相对粗放，所以饲养的鸡必须具有较强的抵抗力和适应能力，否则在放养时就可能出现较多的伤亡或严重影响生产性能的发挥。

（4）觅食性好　生态放养的优点在于能够改善产品品质和节约饲料资源。野外可采食的物质包括青草和昆虫等。这些物质作为饲料资源，可以减少全价饲料的使用，节约资金；这些物质所含的成分能够改善鸡产品的品质，如提高蛋黄颜色和降低产品中胆固醇含量。要充分利用这些饲料资源，鸡只必须活泼好动，觅食能力强。野生的饲料资源中含有较多的植物饲料，粗纤维含量高，饲养的鸡还应具有较强的消化能力，提高粗纤维的消化利用率。

（5）生产性能高　鸡品种类型众多，通常未经系统的选育，各地的生态环境和养殖方式也不尽相同。因此，不仅不同品种间生产性能差异较大，而且群体内不同个体间生产性能也不一致。由于人们重开发、轻选育，真正能够开展鸡选育的种鸡场较少。市场上种鸡来源混杂，群体整齐度较差，羽色、体貌、生产性能和体重大小不够整齐，因此，在选择品种时应注意选择体型外貌一致、生产性能较好的品种，否则会对生产造成不利影响。鸡的体重、体型大小要适中。放养鸡的选择应当以中、小型鸡为主，选择那些体重偏轻、体躯结构紧凑、体质结实、个体小而活泼好动、对环境适应能力强的品种。对于大型鸡种或引进的高产配套品种来说，体躯硕大、肥胖，行动笨拙，不适于果园、林地、荒山坡地等野外生态放养。

（6）适应放养地条件　生态放养地的种类多种多样，如林地放养、果园放养等，放养条件也有差异，也影响放养鸡的品种选择。果园、林地或山地放养要求选择腿细长，奔跑能力、觅食能力和抗病能力强，肉质好的小体型鸡（最大能长到0.5~1.5千克）。这种鸡觅食活动能达到几百米远，身体灵活能逃避敌害生物，尽管生长慢，但因成活率高，市场售价高，饲养收入要大于其他鸡种；如果饲养蛋鸡，可以选择矮小型蛋鸡、地方蛋鸡品种或蛋肉兼用型品种，因为它们适应能力强、觅食性好，产蛋潜力可以充分发挥。

16. 土鸡生态放养有哪些基本模式?

（1）散放饲养　这是鸡群放养模式中比较粗放的一种模式，是把鸡群放养到放牧场地内，在场地内鸡群可以自由走动，自主觅食。这种放养模式一般适用于饲养规模较小、放牧场地内野生饲料不丰盛且分布不均匀的条件下。

（2）分区轮流放牧　这是鸡群放牧饲养中管理比较规范的一种模式。它是在放牧养鸡的区域内将放牧场地划分为 4~7 个小区，每个小区之间用尼龙网隔开，先在第一个小区放牧鸡群，2 天后转入第二个小区放养，依此类推。这种模式可以让每个放养小区的植被有一定的恢复期，能够保证鸡群经常有一定数量的野生饲料资源提供。

（3）流动放牧　这种放养鸡群的方式较少，它是在一定的时期内，在一个较大的场地中或不连续的多个场地中放牧鸡群。在某个区域内放牧若干天，将该区域内的野生饲料采食完后，把鸡群驱赶到相邻的另一个区域内，依次放牧。这种放养方式没有固定的鸡舍，用帐篷作为鸡群休息的场所。每次更换放牧区域都需要把帐篷移动到新的场地并固定。

（4）带室外运动场的圈养　在没有放养条件的地方，发展生态养鸡可以采用带室外运动场的圈养方式。这种方式是在划定的范围内按照规划原则建造鸡舍，在鸡舍的南侧或东南侧、西南侧，划出面积为鸡舍 5 倍的场地作为该栋鸡舍的室外运动场。运动场内可以栽植各种乔木。在一些农村，有闲置的场院和废弃的土砖窑、破产的小企业等，这些地方都可以加以修整用于养鸡。

这种生态饲养方式使鸡群在白天可以有较多的时间在运动场活动、采食、进行沙土浴。鸡舍内采用网上平养或地面垫料平养方式，供鸡群夜间或不良天气在室内活动与休息。

采用这种养殖方式要考虑为鸡群提供一个舒适、干净、能够满足其生物习性的环境。鸡舍的通风、采光、保温、隔热、隔离效果要好。鸡舍内要设置栖架，能够满足鸡只栖高的习性。采用这种生态养殖模式也要考虑青绿饲料的来源，因为在养鸡过程中需要经常在场地内撒一些青绿饲料让鸡群采食。

第二章 放养鸡场的建造与设备

1. 土鸡生态放养时场址选择要遵循什么原则?

土鸡生态放养,圈养期要选择在地势高燥、背风向阳,有利于保温的地方。放养期要抓住原始、生态、无污染环节,实行自由放养,让鸡群觅食昆虫、嫩草、树叶、籽实和腐殖质等自然饲料为主,人工科学补料为辅,严格限制化学药品和饲料添加剂的使用,禁用任何人工合成促生长剂,通过良好的饲养环境、科学饲养管理和卫生保健措施,最大限度地满足鸡群的营养、生理和心理需要,提高鸡群本身的免疫力,使肉、蛋产品达到无公害食品乃至绿色食品的标准。因此,在场址选择与建设上,与普通鸡的要求有所差别。

建造一个鸡场,首先要考虑选址,而选址,又必须根据鸡场的饲养规模和饲养性质(饲养商品肉鸡、商品蛋鸡还是种鸡等)而定,场地选择是否得当,关系到卫生防疫、鸡只的生长以及饲养人员的工作效率,关系到养鸡的成败和效益。

场地选择要考虑综合性因素,如面积、地势、土壤、朝向、交通、水源、电源、防疫条件、自然灾害及经济环境等,一般场地选择要遵循如下几项原则。

(1)有利于防疫 养鸡场地不宜选择在人烟稠密的居民住宅区或工厂集中地,不宜选择在交通来往频繁的地方,不宜选择在畜禽贸易场所附近;宜选择在较偏远而车辆又能到达的地方。这样的地方不易受疫病传染,有利于防疫。

(2)场地宜在高燥、干爽、排水良好的地方 如在平原地带,要选地势高燥、稍向南或东南倾斜的地方;如在山地丘陵地区,则宜选择南坡,倾斜度在 20° 角以下。这样的地方便于排水和接纳阳光,冬暖夏凉。场地内最好有鱼塘，以利排污，并进行废物利用，综合经营。

（3）场地要有水源和电源　鸡场需要用水和用电，故必须要有水源和电源。水源最好为自来水，如无自来水，则要选在地下水资源丰富、适合于打井的地方，且水质符合卫生要求。

（4）场地范围内要圈得住　场地内要独立自成封闭体系（用竹子或用砖砌围墙围住），以防止外人随便进入，防止外界畜禽、野兽随便进入。

还须遵循以下原则：① 远离城镇、交通主干线，远离化工厂、屠宰厂、肉联厂、医院、居民区；② 选择深山草地，没有传染病，空气好、地质好、水质好，杂草树木多，没有或很少农田，不用或几乎不用农业化肥，居住松散区域放养；③ 较平坦向阳有水源且出水畅通，能通车、通电，能危害鸡的野生动物少；④ 育雏室建造要选地势高燥，向阳避风，离成鸡舍较远的上风头；⑤ 成鸡舍建造要选地势高燥，向阳避风，周围有较广阔的平坦地段，而且接近整个鸡觅食运动场的中间（一般 10~20 亩场地养 500 只左右，建一个舍为一个饲养区为宜）（注：1 亩 ≈ 667 米^2）；⑥ 饲料室建在整个场址的入口，地势高燥，通风，出水畅通，交通方便的地方；⑦ 生活区要选在入口处，但必须与饲养区隔离开。

2. 如何选择圈养期的场址?

自行孵化育雏需要进行孵化室和育雏舍场址的选择与建造，外购雏鸡可省略孵化室的建造。

（1）地形地貌　平原地区，场地应选择地势高燥、平坦、开阔、排水良好和背风向阳的地方，地下水位要在 1 米以下。因为这种场地阳光充足，通风、排水良好，有利于鸡场内、外环境的控制。山区应选择稍平缓坡上，坡面向阳，鸡场总坡度不超过 25%，建筑区坡度控制在 25% 以内。

在土质上，最好选择含石灰质多的沙质土壤，平时能保持舍内外干燥，雨后能及时排出地面积水。避免在黏土地上建鸡舍，因为这样的土质通透性不强，雨季难以进行舍外作业。另外在丘陵地区建舍要防止"渗山水",避免鸡舍潮湿。

（2）水源 用水要考虑水量与水质的问题,其耗水包括饮用水、日常消毒用水、生活用水等。水源应是地下水,水质清洁。如有条件应取水样,对水的物理、化学和生物污染程度分析,选择经过检查符合饮水卫生的水。

（3）电源 鸡场中除孵化室要求 24 小时供电外,雏鸡群的光照、温度都需要电力供应。必要时要配备备用电源,如发电机。

（4）运输与饲料来源 圈养期要选址在交通方便,场内外道路平整,有利于卫生防疫的地方。一般要求距主要公路干线不少于 500 米,距次级公路 100~200 米为好。

（5）防疫环境 圈养期选择场址时应尽可能远离多村集镇、居民点、小学校、屠宰场等。

3. 如何规划圈养期的场地?

圈养期鸡场主要分场前区、生产区及隔离区等。场地规划时,主要考虑人、鸡卫生防疫和工作方便,根据场地地势和当地全年主风向,顺序安排各区。布置鸡场总平面时,主要考虑卫生防疫和工艺流程两大因素。

（1）场前区 场前区应包括饲料加工及料库、车库、杂品库、更衣消毒室等。场前区应设在与外界联系方便的位置,大门前设车辆消毒池,大门一侧设消毒更衣室。

场外运输应与场内运输分开,与外界联系、运输的车辆严禁进入生产区,其车棚、车库也应设在场前区。

场前区与生产区应加以隔离,外来人员限于在场前区活动,不得随意进入生产区。

（2）孵化室 宜建在靠近场前区的入口处,大型养殖场最好单独设孵化场,孵化场宜设在养殖场专用道路的入口处;小型养殖场也应在孵化室周围设围墙或隔离绿化带。

（3）幼雏舍 为保证防疫安全,鸡舍的布局根据主风方向与地势,应当按孵化室、幼雏舍排列,以减少发病机会。

（4）饲料加工及料库 应接近鸡舍,但又要与鸡舍有一定的距离，以利于鸡舍的防疫。

（5）隔离区 包括病死鸡隔离、剖检、化验、处理等房舍和设施，粪便污水处理及储存设施等。该区是养鸡场病死鸡、粪便等污物集中之处，是卫生防疫和环境保护工作的重点。该区应设在全场的下风向和地势最低处，且与其他区的间距小于 50 米。隔离区应设置处理病死鸡的尸坑或焚尸炉、化尸池等设施，并要有单独的下水道将污水排至场外的污水处理设施。

（6）鸡场的道路 生产区的道路应将净道和污道分开，以利于卫生防疫。净道用于生产联系和运送饲料、产品，污道用于运出粪便污物、病鸡和死鸡。场外的道路不能与生产区的道路直接相通。

场前区与隔离区应分别设与场外相通的道路。

（7）养鸡场的排水设施 排水设施是为排出场区的雨水、雪水，保持场地干燥、卫生的设置。一般可在道路一侧或两侧设明沟，沟壁、沟底可砌砖、石，也可将土夯实做成梯形或三角形断面，再结合绿化护坡，以防塌陷。如果场地本身坡度较大，也可以采取地面自由排水，但不宜与舍内排水系统的管沟通用。

4．如何选择放养期的场址？

（1）位置 ① 荒坡林地及丘陵山地。荒坡林地及荒山地中牧草和动物蛋白质饲料资源丰富，场所宽敞，空气新鲜，环境幽雅，适宜土鸡生态放养。

放养时要充分发挥林地的有利条件：一是鸡觅食林中的虫、草，排泄的粪便增加地力，促进林木生长，减少化肥开支和污染。同时，树林密集的树冠，为鸡的生活提供了遮荫避暑防风避雨的环境，鸡在林丛中觅食，还可躲避老鹰的侵袭。二是在林地活动范围大，抗病力增强，平时管理上很少用药，生产出来的鸡蛋、鸡肉无药物残留。三是林地中优质饲料多。除了丰富的可食牧草外，春季有金龟子、红蜘蛛、象甲、行军虫、枣尺蠖等；夏秋季节有蚂蚱、蟋蟀、毛虫、蜘蛛、食心虫、蚯蚓等；冬前有快入土和已入土的成虫、幼虫、虫卵、蛹茧等。林地放养为土鸡提供了丰富的营养，可节约饲料 10%，降低饲料成本 10%~20%。

林地的选择对于养好鸡有重要作用。不同用途的林地，在选择时要有所侧重。一般林地以中成林，最好选择林冠较稀疏、冠层较高，树林荫蔽度在70%左右，透光和通气性能较好，且林地杂草和昆虫较丰富的成林较为理想。树林枝叶过于茂密，遮阴度大的林地透光效果不好，不利于鸡的生长。

　　荒山林地最好是灌木丛、荆棘林或阔叶林等，土质以砂壤土为佳，若是黏质土壤，在放养区应设立一块沙地。附近最好有小溪、池塘等清洁水源。鸡舍建在向阳南坡上。

　　林间隙地可以种植苜蓿等饲草。据试验，在鸡日粮中加入3%~5%的苜蓿粉不但能使蛋黄颜色更黄，还能降低鸡蛋胆固醇含量。

　　② 果园。为害果树的病虫害种类繁多，每年由于气候条件不同，病虫害发生的种类和时期不尽相同。在一年的生长过程中，果树经过萌芽、展叶、抽梢、开花、结果和休眠等阶段，各阶段发生的病虫害种类、数量和为害方式也不同。果树的害虫和农作物、林木、蔬菜害虫一样，多属于昆虫，一生要经过卵、幼虫、蛹、成虫4个虫期，如各种食心虫、天牛、吉丁虫、形毛虫、星毛虫等。过去多采用喷药、刮老皮、剪虫枝、拾落果、捕杀、涂白等烦琐的方法防治。

　　果园放养土鸡可捕食这些害虫。在昆虫发育的各个阶段若被土鸡发现，都能作为饲料被鸡采食。同时，通过灯光诱虫喂鸡，可明显减少果树虫害，降低农药用量，减少农药残留，改善生态环境。由于在果园中放养的鸡，捕食肉类害虫，蛋白质、脂肪供应充分，所以生产迅速。较农家庭院饲养生长速度快33%，日产蛋量多18%，而且节约饲料成本60%以上。

　　在果园选择上，以干果、主干略高的果树和使用农药较少的果园地为佳。最理想的是核桃园、枣园、柿园和桑园等，要求排水良好。这些果树主干较高，果实结果部位亦高，果实未成熟前坚硬，不易被鸡啄食。其次为山楂园，因山楂果实坚硬，全年除1~2次用药杀灭食心虫外，很少用药。在苹果园、梨园、杏园养鸡，放养期应躲过用药和采收期，以减少药害以及鸡对果实的伤害；也可以在用药期，临时用隔网分区喷药，分区放养。同时，苹果、桃、梨等鲜果林地在挂果期会有部分果子自然落果后腐烂，鸡吃后易引起中毒，因此，要及时捡起落果，防止被鸡啄食。

③ 冬闲田。选择远离村庄、交通便利、排水性能良好的冬闲田，利用木桩做支撑架，搭成 2 米高的"人"字形屋架，周围用塑料布包裹，屋顶加油毡，地面铺上稻草，也可以放养土鸡。

（2）水源　每只成年鸡每天的饮水量平均 300 毫升，在气候温和的季节里，鸡的饮水量通常为采食饲料量的 2~3 倍，寒冷季节约为采食饲料量的 1.5 倍，炎热季节饮水量显著增加，可达采食饲料量的 4~6 倍。因此，放养鸡场必须要有可靠、充足的水源，并且位置适宜，水质良好，便于取用和防护。最理想的水源是深层地下水：一是无污染；二是相对"冬暖夏凉"。地面水源包括江水、河水、塘水等，其水量随气候和季节变化较大，有机物含量多，水质不稳定，多受污染，要经过消毒处理后才可使用。

（3）环境条件　要求放养场地距交通主要干线 1 千米以上、距居民点 1 千米以上、距周围 3 千米范围内没有大的污染源。

5. 如何规划放养期的场地？

根据场地大小、植被多少、放养鸡数量分割围栏（圈养区域以鸡舍为中心，半径距离一般 80~100 米，距离太远，鸡不会走那么远的地方，场地就浪费了），采取定期轮牧的饲养方式，等一片放养地的草被鸡采食差不多后，赶到另一片放养地，做到鸡一经放养就日日有可食的草、虫或树叶等。同时也有利于果园的翻耕、鸡粪的处理、果树的管理与施肥、用药，保证牧草的复壮和生长，也可防止鸡群间疾病的传播，便于消毒处理。为了保证放养鸡有充足的饲草，可预先在放养地种植一些可供鸡食用的牧草，如苜蓿、黑麦草、龙爪稷等。

6. 如何搭建围网？

为了预防兽害和鸡只走失，或为了划区轮牧、预防农药中毒，放养区周围或轮牧区间应设置围栏护网，尤其是果园、农田、林地等分属于不同农户管理的放养地。如不设置围网，将增加管理难度，鸡只容易造成兽害或与邻居产生矛盾。在山场和草场等面积较广阔的放养地，可不设围网，采用移动鸡舍实施分区轮牧。

放养区围网可用 1.5~2 米高的铁丝网或尼龙网，每隔 8~10 米设置一根垂直稳固于地基的木桩、水泥桩或金属管立柱。将铁丝网或尼龙网固定在立柱上，人员出入口设置宽能进出车辆的门一个。放养鸡舍（棚）前活动场周围设 2 米高的铁丝或尼龙丝防护网，并与鸡舍（棚）相连，用于夜间护鸡。

7. 怎样给放养土鸡搭建鸡舍或简易"避难所"？

为了提供傍晚补料、防风避雨、夜晚休息、避敌避害的场所，便于管理，需要为放养鸡建造鸡舍。如果没有鸡舍，放养鸡会四处为家，到处产蛋，易受野兽侵害。如遇风暴急雨损失严重，也不便于补饲和防疫管理。鸡舍可以为放养鸡提供安全的休息场地，驯化好的放养鸡傍晚会自动回到鸡舍采食补料，夜晚进舍休息，方便捕捉及预防注射。因此，必须根据不同阶段土鸡的生活习性，搭建合适的简易型鸡舍或简易"避难所"。

（1）简易型棚舍　简易鸡舍要求能挡风，不漏雨，不积水即可，材料、形式和规格因地制宜，不拘一格，但需避风、向阳、防水、地势较高，面积按每平方米容纳 12 只鸡搭建，每个鸡舍的大小以容纳成年土鸡 100~150 只为宜，多点设棚，内设栖息架，鸡舍周围放置足够的喂料和饮水设备，其配置情况与固定式鸡舍相同。

（2）普通型鸡舍　普通鸡舍要求防暑保温，背风向阳，光照充足，布列均匀，便于卫生防疫，内设栖息架，舍内及周围放置足够的喂料和饮水设备，使用料槽和水槽时，每只鸡的料位为 10 厘米，水位为 5 厘米；也可按照每 30 只鸡配置 1 个直径 30 厘米的料桶，每50 只鸡配置 1 个直径 20 厘米的饮水器。

在建筑结构上采用比较简单的方法，修建成斜坡式的顶棚，坡面向南，北面砌一道 2 米高的墙，东西两侧可留较大的窗户，南侧可用尼龙网或者铁丝，但必须留大的窗户，面积以 16 米^{2}为宜。这种鸡舍通风效果好，可以充分利用阳光；保暖性能良好，南方、北方都适用。这种鸡舍配有较大的运动场，可以建在果园里采用半开放式，鸡既可吃果园中的昆虫及杂草，还可以为果园施肥。既有利于防病，又有利于鸡的觅食。放牧场地可设沙坑，让鸡洗沙浴。

（3）塑料大棚鸡舍 塑料大棚鸡舍就是用塑料薄膜把鸡舍的露天部分罩上，利用塑料薄膜的良好透光性和密封性，将太阳能辐射和机体自身散发的能量保存下来，从而提高了棚舍内温度，它能人为创造适应鸡生长的小气候，减少鸡舍不合理的热能消耗，降低鸡的维持需要，从而使更多的养分供给生产。

塑料大棚鸡舍的建造，一般棚内左侧、右侧和后侧为墙壁，前坡是用竹条、木杆和钢筋做成的拱形支架，外覆塑料薄膜，搭成三面为围墙、一面为塑料薄膜的起脊式鸡舍。墙壁建成夹层，可增强防寒、保温能力，内径10厘米左右，建墙所需的原料是土或砖、石。后坡可用油毡、稻草、泥土等按常规建造，外面再铺一层稻草等物。一般来说，鸡舍的后墙高1.2~1.5米，脊高2.2~2.5米，跨度6米，脊到后墙的垂直距离4米。塑料薄膜与地面、墙的接触处，要用泥土压实，防止贼风进入。在薄膜上每隔50厘米用绳将薄膜捆牢，防止大风将薄膜刮掉。棚舍内地面可用砖垫高30~40厘米。棚舍内的南部要设置排水沟，及时排出薄膜表面滴漏的水。棚舍的北墙每隔3米设置一个1米×0.8米的窗户，在冬季封严，夏季时逐渐打开。门应设在棚舍的东侧，向外开，棚舍要设置照明设施。内设栖息架，舍内及周围放置足够的喂料和饮水设备。

（4）封闭式鸡舍 封闭鸡舍一般是用隔热性能好的材料构造房顶与四壁，不设窗户。只有带拐弯的进气孔和出气孔，舍内小气候通过各种调节设备控制。这种鸡舍的优点是减少了外界环境对鸡群的影响，有利于采取先进的饲养管理技术和防疫措施，饲养密度大，鸡群生产性能稳定。

（5）开放式网上平养无过道鸡舍 这种鸡舍适用于土鸡育雏。鸡舍的跨度6~8米，南北墙设窗户。南窗高1.5米，宽1.6米；北窗高1.5米，宽1米。舍内用金属铁丝隔离成小自然间。每一自然间设有小门，供饲养员出入及操作。小门的位置依鸡舍跨度而定，跨度小的设在鸡舍内南或北侧，跨度大的设在中间，小门的宽度约1.2米。在离地面70厘米高处架设网片。

（6）利用旧设施改造的鸡舍 利用农舍、库房等其他设备改建鸡舍，达到综合利用，可以降低成本。必须做到通风、保温，一般旧的农舍较矮，窗户小，通风性能差，改建时应将窗户改大，或在北墙开窗，增加通风和采光。舍内要保持干燥。旧的房屋低洼，湿度大，改建时要用石灰、泥土和煤渣打成三合土垫在室内，在舍外开排水沟。

（7）搭建临时"避难所" 在放牧场地里，人工搭建一些简单棚架，充当鸡的"避难所"（图2-1），可以让鸡在遇到雨雪、大风，或当鸡感到恐惧时在这里临时躲避。

图2-1 放养土鸡的临时"避难所"

8. 土鸡生态放养时如何建植草地？

土鸡放牧饲养最好种植营养丰富且适口性好的豆科或禾本科牧草，这些牧草中富有蛋白质和钙质，大都具有根瘤，能改良土壤结构和提高土壤肥力。

（1）牧草品种的选择 林草立体群落结合可以达到地上光能高效利用、地下土壤养分充分吸收的目的，幼林期种植牧草，既可避免土地浪费，防止水土流失，又可收获牧草。牧草以多年生为好，避免每年播种，同时要求分枝分蘖多，再生性强，适应性强，适口性好。适用草种有豆科的三叶草、紫花苜蓿、百脉根，禾本科的鸭茅、无芒雀麦、黑麦草、早熟禾等。

（2）放牧草地的建植与使用 放牧草地的建植应考虑鸡的食性、耐践踏和持久性，可采用豆科牧草60%，禾本科牧草40%的混播方式。适宜的豆科牧草有三叶草、紫花苜蓿、百脉根，禾本科牧草有黑麦草等。播种量豆科牧草 8 千克 / 公顷（注：0.57 千克 / 亩），禾本科 0.35 千克 / 亩。

放牧放养鸡应进行分区轮牧，以合理利用牧草和减少对草地的破坏。将放牧草地划块，气候和雨水好，牧草生长快时，20 天左右轮牧一次；牧草生长差时，30 天左右轮牧一次。

（3）几种主要牧草的播种方法

① 紫花苜蓿。又名紫苜蓿、苜蓿、苜蓿草。为苜蓿属多年生草本植物。根系发达，种植当年可达 1 米以上，多年后达 10~30 米。茎秆斜上或直立，株高 60~100 厘米。小三叶，花成簇状。因根系强大、入土深，对干旱的忍耐性很强。但高温或降雨过多（100 厘米以上）对其生长不利，持续燥热潮湿会引起烂根死亡。它富含蛋白质和矿物质，胡萝卜素和维生素 K 的含量较高。蛋白质含量 17%~23%，相当于豆饼的一半，始花期亩产干草 1500 千克。播种紫花苜蓿采取条播、撒播和穴播均可。播种量一般每亩 0.5~1.5 千克，条播行距 20~30 厘米，播深 2~4 厘米为宜，浅翻土，轻镇压（如在紧实土地上播种，播深以 1~3 厘米为宜）。

② 沙打旺。又名麻豆秧、沙大王、斜茎黄芪、直立黄芪。主根粗壮，侧根发达，并有大量根瘤。茎高 1.5~2 米，丛生。其抗逆性强，适应性广，具有抗寒、耐瘠、耐盐、抗旱和抗风沙的能力，能忍受最低气温为 −30℃。其粗蛋白占干物质的 15%~16%，饲用价值仅次于苜蓿。种植沙打旺结合耕翻施用有机肥和磷肥可提高产草量及种子产量。沙打旺营养生长期长，比同期播种的紫花苜蓿营养期长 1~1.5 月，植株高大，叶量丰富，占总量的 30%~40%，产草量也高于一般牧草。种植 2~4 年，亩（1 亩 ≈ 667 米²）产鲜草 2 000~6 000 千克。春播、夏播、秋播均可。一般在 6 月初至 7 月中旬，秋播不迟于 8 月初。一般采用条播，行距 30 厘米，覆土 1~2 厘米，镇压。荒地飞播前要浅耕或重肥。播种量为每亩 0.3~0.5 千克。飞播最好与草木樨、沙蒿、羊柴、柠条混播。

③ 白花草木樨。又名白香草木樨、白甜车轴草。是草木樨属二年生草本植物。茎直立，株高 1~3 米，多分枝，含香素，全株具有

香味，三出复叶，有锯齿。花小，白色，为细长而稀疏的总状花序。荚果小，每荚含一粒种子。适在湿润和半干燥气候地区生长，耐瘠薄，不适用于酸性土壤，最喜 pH 值 7~9 的土壤。耐盐碱、抗寒、抗旱能力都很强。它是蛋白质、脂肪、无氮浸出物等含量较高的饲草。白花草木樨苗期生长缓慢，需深耕细耙，整地精细。磷、钾同时施用对其增产有显著作用。白花草木樨春夏秋均可播种。春播每年可刈割两次，亩产鲜草 1 500~2 000 千克。单种，条播行距 30~50 厘米，播种量每亩 1~1.5 千克；密行条播行距 7.5~15 厘米，播种量每亩 2~2.5 千克。与玉米、葵花和高粱等宽行高大作物间种，可与作物同期播种，也可推后。这样白花草木樨亩产鲜草 1 000~1 500 千克，葵花亩产 50~200 千克。套种，占地不大，不影响粮食生产，而且还能增产饲料，提高地力。复种，小麦等粮食作物收获后，复种草木樨能获得较高产量，并提高地力，使后作增产。因白花草木樨生长快、年限短，是一种良好的混播草种。与禾本科牧草混播，能相互促进，增强生长，提高产量和品质。

④柠条。学名小叶锦鸡儿，别名柠条、连针。为落叶灌木，叶簇生或互生，偶数羽状复叶。株高 150~300 厘米，树皮金黄色。柠条是良好的饲用植物，它枝叶茂盛，营养价值高，含粗蛋白 22.9%、粗脂肪 4.9%、粗纤维 27.8%；种子中含蛋白质 27.4%、粗脂肪 12.8%、无氮浸出物 31.6%。它根系发达，是水土保持、防风固沙的优良品种。柠条是干草原和荒漠草原沙生旱生灌木，极耐干旱、寒冷和贫瘠。不怕风沙，在沙地生长良好，在 -32℃能安全越冬。种植柠条的关键在于抓苗，对土壤水分、播种时间和田间管理都有严格要求。土壤水分在 10%以上时，旱直播才能抓好苗。水分充足，温度高，有利于萌芽出苗。当年停止生长前高达 8~10 厘米能安全越冬。北方不利于 8 月上旬播种，多在 6—7 月的雨季进行旱直播。播种时播深 3 厘米（过深影响出苗），播种量为 0.7~1 千克/亩，一般情况下 150 丛/亩。柠条返青早，生育期长，播种第一年的柠条地上部分生长缓慢，第二年生长加快。第三、第四年开花结实。种子产量 15~20 千克/亩，种子寿命约 3 年。

9. 土鸡育雏期需要准备哪些设备？

（1）热风炉及煤炉 热风炉及煤炉多用于地面育雏或笼育雏时室内加温，保温性能较好的育雏室每15~25米²放1只煤炉。

（2）保姆伞及围栏 保姆伞有折叠式和不折叠式两种。不折叠式又分方形、长方形及圆形等。伞内热源有红外线灯、电热丝、煤气燃烧等，采用自动调节温度装置。折叠式保姆伞适用于网上育雏和地面育雏。伞内用陶瓷远红外线加热，伞上装有自动控温装置，省电，育雏效率较高。不折叠式方形保姆伞，长宽各1~1.1米，高70厘米，向上倾斜呈45°角，一般可用于250~300只雏鸡的保温。一般在保姆伞的外围还要加围栏，以防止雏鸡远离热源而受冷，热源离围栏75~90厘米。雏鸡3日龄后围栏逐渐向外扩大，10日龄后撤离。

（3）红外线灯 红外线灯分有亮光的和无亮光的两种。生产中用的大部分有亮光，每只红外线灯250~500瓦，灯泡悬挂距离地面40~60厘米，可根据育雏的需要调整。通常3~4只灯泡为一组轮流使用，每只灯泡可以保温100~150只雏鸡。料槽与饮水器不宜放在灯下。

（4）饮水器 饮水器多由顶圆桶和直径比圆筒略大的底盘构成。圆筒顶部和侧壁不漏气，基部离底盘高2.5厘米处开1~2个小圆孔。使用时，先使桶顶朝下，水装至圆孔处，扣上底盘反转过来。这种饮水器构造简单，使用方便，便于清洗消毒。它可以用镀锌铁皮、塑料等材料制成V字形或者U字形水槽，前者都用镀锌铁皮制成，但使用寿命短，易腐蚀。也可以用大口玻璃瓶等制作，取材方便，容易推广。现在多用塑料制成的吊塔式饮水器，不仅解决了上述问题，且使用方便，便于清洗，寿命长。

乳头式自动饮水器是由阀芯与触杆组成，直接同水管相连，由于毛细管的作用，触杆端部经常悬着一滴水，鸡需要饮水时，只要啄动触杆，水即流出。鸡饮水完毕，触杆将水路封住，水即停止外流。这种饮水器安装在鸡头上方处，让鸡抬头喝水。安装时要随鸡的大小改变高度，可以安装在鸡笼内，也可以安装在鸡笼外。

（5）断喙器 断喙器型号较多，用法不尽相同。采用红热烧切，既断喙又止血，断喙效果好。该断喙器主要由调温器、变压器与上刀片、下刀口组成。它用变压器将 200 伏交流电压变成低压大电流，使得刀片的工作温度在 820℃以上，刀片的红热时间不超过 30 秒，消耗功率在 70~140 瓦，输出功率可以调节，以适应不同日龄雏鸡断喙的需要。

（6）饲槽　饲槽是养鸡的一种重要设备，因鸡的大小、饲养方式不同对饲槽的要求也不同，但无论哪种类型的饲槽，均要求平整光滑，采食方便，不浪费饲料，便于清刷消毒。制作材料可选用木板、镀锌铁皮及硬质塑料等。开食盘，用于 1 周龄前的雏鸡，大都是由塑料和镀锌铁皮制成。船形饲槽多在平养与笼养普遍使用，长度依据鸡笼而定。在平面放养的条件下，饲槽的长度为 1~1.5 米，为防止鸡踏入槽内将饲料弄脏，可以在槽上安上转动的横梁。干粉料桶，包括一个无底圆桶和一个直径比圆桶略大的短链相连，可以调节桶与底盘之间距离。

（7）鸡笼

① 产蛋鸡笼。笼架是承受笼体的支架，由横梁和斜撑组成。笼体是由冷拔钢丝电焊而成，包括顶网、低网、前网、后网、隔网和笼门。一般前网和顶网压制在一起，后网和低网压制在一起，隔网为单片网，笼门作为前网或顶网的一部分，有的可以取下，有的可以上翻。笼底网要有一定的坡度，一般为 6°~10°，伸出笼外 12~16 厘米，形成集蛋箱。附属设备护蛋板为一条镀锌薄铁皮，置于笼内前下方，鸡头可以伸出笼外啄食。

② 育成鸡笼。也称青年鸡笼，主要用于青年母鸡，一般采取群体饲养。其笼体组合方式多采用 3~4 层半阶梯式或单层平置式。笼体由前网、后网、顶网、底网和隔网组成；每个大笼隔成 2~3 个大小不等小笼，笼体高 30~35 厘米，深 45~50 厘米，大笼长度一般不超过 2 米。

③ 育雏设施。育雏前要准备好保温设备、饲槽、饮水器、水桶、料桶、温湿度计、扫帚、清粪工具、消毒用具；另外根据实际情况添置需要的用具。若是笼养育雏，还要准备专用的育雏笼（图 2-2、图 2-3）。针对农村土鸡养殖，育雏笼也可就地取材自制，便于雏鸡采食、饮水和饲养人员管理操作即可。

④ 种鸡笼。多采用 2 层半阶梯式或平层式。适用于种鸡自然交配的群体笼，前网高度 72~73 厘米，中间不设隔网，笼中公、母鸡按一定比例混养。采用人工授精的种鸡鸡笼分为公鸡笼和母鸡笼，母鸡笼的结构与产蛋鸡笼相同。公鸡笼中没有板底网，没有滚蛋角和滚蛋间隙，其余结构与产蛋鸡笼相同。

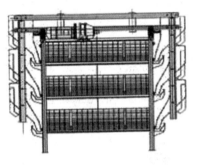

图 2-2　层叠式育雏笼

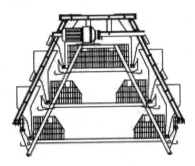

图 2-3　三层阶梯式育雏笼

（8）栖架　鸡有高栖过夜的习性，每到天黑之前，总想在鸡舍内找个高处栖息。假设没有栖架，个别的鸡会飞在高处过夜，多数拥挤在一角栖伏在地面上，对鸡的健康不利。由此，在舍内后部应设有栖架。栖架主要有两种形式：一种是将栖架做成梯子形靠立在鸡舍内，叫立式栖架（图 2-4）；另一种将栖架钉在墙壁上。也可以在放养场内设立简易栖架（图 2-5）。

图 2-4　鸡舍内的立式栖架

图 2-5　放养场内的简易栖架

第三章　生态放养土鸡的营养需求及饲料

1. 土鸡的消化器官有哪些构造特点？

土鸡和其他鸡一样，有其特殊的消化器官。消化系统主要由口腔、食道、嗉囊、腺胃、肌胃、小肠、大肠和泄殖腔组成（图3-1）。

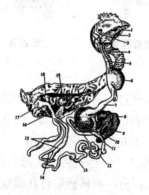

图3-1　鸡的消化系统模式

1.口腔　2.咽　3.喉　4.气管　5.食管　6.嗉囊　7.腺胃　8.肝　9.胆囊　10.肌胃　11.胰　12.十二指肠　13.空肠　14.回肠　15.盲肠　16.直肠　17.泄殖腔　18.输卵管　19.卵巢

（1）喙　鸡没有牙齿，但有坚硬的角质化的喙，为圆锥形，啄食粒料十分方便。

（2）口　没有嘴唇、软腭、面颊和牙齿，饮水时不能将水吸入口中，必须抬起头使水借助重力流入食道，没有吞咽动作。口中的腺体可分泌带淀粉酶的唾液，但是食物在口中的通过速度很快，所以食物在口腔内发生消化的机会较少。

（3）嗉囊 作用是贮存食物。嗉囊没有消化功能，但口腔分泌的唾液可在嗉囊内继续消化食物。

（4）腺胃 腺胃也称真胃或前胃。腺胃中的腺细胞呈突起状，也称腺胃乳头。腺细胞分泌的胃液中含有消化蛋白质的胃蛋白酶和盐酸，消化液通过腺胃乳头的小孔进入腺胃。由于食物通过腺胃的速度较快，所以食物在腺胃中的消化量很少。胃液中的酶可以在食物进入肌胃后发生消化作用。

（5）肌胃 肌胃也称沙囊，内有很厚的黏膜，有两对强有力的肌肉能发出强大的力量，对食物起到磨碎的作用。

（6）肠道 鸡的肠道短，饲料消化利用不完全。小肠壁可以分泌少量酶消化蛋白质和糖类。盲肠的确切作用还不十分清楚，不过对食物的消化作用不大。盲肠内有一些细菌的活动，似乎对鸡的免疫力有关。大肠的作用是重新吸收水分以增加鸡体细胞中的含水量和保持体内水平衡。

（7）泄殖腔 是消化道、尿道和生殖道的公共出口。

（8）肝脏 分两大叶，其功能之一是分泌胆汁。胆汁是含有胆汁酸的黄绿色液体，胆汁进入十二指肠的下段，主要帮助消化脂肪。胆汁内不含消化酶，其主要作用是中和食糜的酸性并使脂肪乳化，从而促进其消化。

2. 鸡是怎么消化饲料的?

鸡食入饲料，必须经过消化，使其中所含的各种营养物质分解成简单的物质，以易于吸收，供鸡体新陈代谢所用。

蛋白质在胃蛋白酶和胰蛋白酶协同作用下，先形成中间产物，再经肠液的消化作用最后分解为小肽和氨基酸；糖类物质在体内吸收之前，首先要分解成单糖。淀粉在唾液作用下转化成麦芽糖，再在麦芽糖酶的作用下分解为葡萄糖；纤维素的消化是靠肠道内微生物的发酵分解完成的；脂肪的消化主要靠胰液中的脂肪酶，将脂肪分解成甘油和脂肪酸。胆汁也能促进脂肪的消化。

3. 土鸡饲料中有哪些必需的营养物质？

土鸡的营养需求主要包括蛋白质、脂肪、碳水化合物、维生素、矿物质、水等。土鸡放养时，无论是在天然饲料，还是人工补料，对这些营养成分也是必需的。

（1）蛋白质和氨基酸　蛋白质是土鸡生命活动中不可缺少的物质，是细胞的重要组成部分，也是体内功能物质的主要成分。蛋白质还可以转化为糖类和脂肪，为机体提供或者贮存能量。蛋白质由氨基酸组成，氨基酸的主要组成元素有碳、氧、氢、氮。一般测定饲料中蛋白质的含量都是测定饲料中的含氮量，再乘以 6.25，就得到蛋白质含量。因为饲料中还有其他的含氮物质，这样测得到的蛋白质又称为粗蛋白。饲料蛋白质被家禽采食后，首先在胃中分解为蛋白脲，进入小肠后被胰蛋白酶和小肠蛋白酶分解为肽，最终分解为各种氨基酸而被吸收。

① 必需氨基酸。指鸡体不能合成或合成量不够土鸡生长生产需要，必须由饲料供给的氨基酸。有：蛋氨酸、赖氨酸、异亮氨酸、精氨酸、色氨酸、苏氨酸、苯丙氨酸、组氨酸、缬氨酸、亮氨酸、甘氨酸。

② 非必需氨基酸。机体能合成的，不必从饲粮供给的氨基酸。除必需氨基酸以外的其他氨基酸。

在给土鸡配合饲料中除了要提供足够的蛋白外，还要保证蛋白中氨基酸含量的合理，也就是说蛋白质中氨基酸的含量与土鸡生长发育所需的氨基酸比例一致。蛋白质过多不仅造成浪费还有可能使机体功能紊乱，出现中毒；过低则容易导致发育迟缓，体重下降，甚至导致死亡。

在生态土鸡的放养中，应注意蛋白质抗营养因子的存在，饲料中的该因子一般原料加工过程中就消除了，而天然环境中的，需要去除含有抗营养因子的杂草。

（2）碳水化合物　碳水化合物是土鸡生长的重要的能量来源，主要由碳、氢、氧元素组成，它包括淀粉、糖类和粗纤维。淀粉和糖是重要的能量来源还可以作为合成脂肪的原料。粗纤维可以促进胃肠蠕动，缺乏的时候，容易引起便秘，过多的时候会降低饲料的营养价值。一般土鸡日粮中的粗纤维含量不超过 5%。

（3）脂肪与必需脂肪酸　脂肪是鸡体细胞的重要组成成分，如神经、血液、肌肉、骨骼、皮肤等都含有脂肪，又是鸡蛋的组成成分，约占蛋重的 10%。脂肪是脂溶性维生素（维生素 A、D、E、K）和激素（雌素酮、雄素酮等）的溶剂，这些维生素和激素只能溶解在脂肪中。所以它在鸡体内的吸收和利用，都要借助于脂肪来完成；脂肪还有固定脏器、防止机械损伤的作用。

鸡可将体内的碳水化合物转化为脂肪，不需要饲料供给，但有些脂肪酸必需由饲料供给，它们体内不能合成，称为必需脂肪酸。亚油酸和亚麻油酸最重要，一般加 2% 植物油就不会缺乏。

脂肪不足时，会引起生长迟缓、性成熟延后、产蛋率下降等。相反，脂肪过多则会引起食欲不振、消化不良、下痢等。由于一般饲料中都含有一定数量的粗脂肪，且饲料中的粗蛋白质和碳水化合物还有一部分可转化为脂肪，所以在土鸡饲粮中，一般不另外添加脂肪。

（4）矿物元素　矿物质是土鸡营养中的无机营养素，是鸡骨骼、羽毛、血液等组织不可缺少的部分。一般放牧的时候不容易缺乏，但是假如地方性缺乏，则容易缺，比如：缺硒、钴等，需要在饲料中补充。

在土鸡体内含量不小于 0.01% 的矿物质称为常量元素，包括钙、磷、钠、钾、镁、氯、硫等，含量小于 0.01% 的矿物质称为微量元素，包括铜、铁、锰、锌、硒、碘、钴等。

① 钙和磷。钙、磷是鸡需要量最多的两种矿物质元素，二者约占体内矿物质元素总量的 70%，它们主要构成骨骼。另外钙还是蛋壳的主要成分，还参与神经传导，肌肉收缩，促进血液凝固等。磷也是构成蛋壳和蛋黄的原料，磷还参与体内能量代谢、钙的吸收利用以及维持酸碱平衡。缺钙、磷时，雏鸡出现生长停滞，逐渐消瘦，容易出现异食癖；成鸡佝偻病、软骨病、骨质疏松症，产蛋率下降，产薄壳蛋或软壳蛋。

不同生长阶段的鸡对钙、磷的需要量不同，一般鸡开始产蛋后对钙、磷的需要量随产蛋率增加而增加，特别是钙一般产蛋鸡饲粮中含 3.0%~4.0%。但也不是含钙量愈多愈好。如超过需要量，则影响鸡对镁、锰、锌等元素的吸收，对鸡的生长发育和生产也不利。钙、磷在贝粉、石粉、骨粉等矿物质饲料中含量丰富，因此，在配合饲粮时，要注意添加含钙、磷量多的矿物质饲料。植物性饲料中磷，鸡只能利用 30% 左右。

钙和磷有着密切的关系，在一般情况下，钙、磷的正常比例 1.2∶1 范围，产蛋鸡 4∶1 或更宽。另外，在配合饲粮中，饲粮中维生素 D 缺乏，会影响钙、磷吸收。即使饲粮中钙、磷充足且比例适当，鸡也会出现缺乏钙、磷的症状。

② 镁。镁在鸡体主要存在于骨骼中，还分布于软组织和细胞外液；参与蛋白质合成，可调节神经和肌肉的兴奋性，又是一些酶的活化剂。缺乏镁，鸡生长发育不良。但过多则扰乱钙、磷平衡，导致下痢。一般情况下，饲粮中应含镁 200~600 毫克 / 千克饲料。植物性饲料中镁的含量丰富，一般饲粮中的含镁量可满足鸡的需要。

③ 硫。鸡体内含硫约 0.15%，它以含硫氨基酸的形式参与羽毛、喙、爪等角质蛋白的合成，还参与碳水化合物代谢。饲料中一般都含有丰富的硫，不需要另外补充。硫缺乏时土鸡出现生长缓慢，羽毛蓬乱，脱羽等。

④ 钾、钠、氯。它们都是体内的电解质，维持细胞渗透压的稳定和调节酸碱平衡、参与水的代谢。此外，钾还参与蛋白质和糖的代谢，并具有促进神经和肌肉兴奋性的作用。缺钾时，鸡食欲减退，精神委顿，甚至出现弛缓性瘫痪。一般情况下饲料中含有丰富的钾，可以满足鸡的需要。放养土鸡中应注意适当添加食盐，以补充钠和氯，缺乏容易形成啄癖，过量则食盐中毒。一般添为 0.3% 左右。

⑤ 铁。铁在机体内以有机化合物形式存在，如血红蛋白、肌红蛋白、细胞色素和多种氧化酶等。铁主要参与氧和二氧化碳的转运，还与鸡体造血机能、羽毛色素的形成及生长发育密切相关。土鸡缺铁时会发生贫血，发育不良，产蛋率下降。一般饲粮中可满足鸡生长需要，含铁 40~80 毫克 / 千克，若饲粮中缺铜或维生素 B_6，则影响铁的吸收利用，易发生铁缺乏症。

⑥ 铜。铜主要作为酶的成分参与体内代谢，参与机体造血过程、促进铁在肠道吸收、血红蛋白合成与红细胞的生成；参与骨的形成，维持血管弹性等。鸡对铜的需求少，约 4 毫克 / 千克饲粮。土鸡雏鸡缺铜时会出现共济失调、骨质疏松、被毛粗乱等症状，成鸡出现贫血，羽毛褪色，瘫痪等。高铜暂时会有促生长作用，但长时间会造成黄疸，甚至死亡。

⑦ 锌。锌分布在鸡体的肝、肾、肌肉、骨、皮毛等组织中，是鸡体内多种酶类、激素和胰岛素的组成成分。其主要功能是：参与碳水化合物、蛋白质和脂肪的代谢，骨胶原的合成，与胰岛素形成复合物，利于其发挥，与皮肤和羽毛的生长密切相关。一般鸡饲粮应含锌35~65 毫克 / 千克，锌在鱼粉、肉骨粉和糠麸中含量较多，一般配合饲料可以满足土鸡生长需要。缺锌时，土鸡表现为生长发育缓慢，羽毛生长不良，诱发皮炎，尤其是趾上出现鳞片，有时出现啄癖。产蛋期鸡产蛋量减少，出现畸形蛋。含锌过多，会影响铁和铜的吸收利用，如果超过需要量的 10 倍，可出现中毒反应，鸡生长受阻，免疫力降低，严重的死亡。

⑧ 锰。锰存在于鸡体内的血液和肝脏及其他组织、骨骼中，锰在鸡体内主要是抗氧化作用，参与碳水化合物、蛋白质和脂肪的代谢，增加骨的强度。一般鸡饲粮约需要锰 55 毫克 / 千克，在谷物、饼类、糠麸、鱼粉等饲料原料中都含锰。但一般满足不了需求，需要另外添加，在饲料中可添加硫酸锰 242 毫克 / 千克。缺锰时鸡容易患骨短粗症或"滑腱症"，表现为胫骨与跗骨接头处肿胀，使腓肠肌腱从骨踝滑出，严重时病鸡不能站立，甚至死亡；成鸡缺锰产蛋量减少，蛋壳变薄，产畸形蛋。鸡对过量的锰有较强的耐受性，据试验超过需求量 20 倍，短时期无明显中毒现象。

⑨ 硒。硒存在于鸡体内的肾、肝、肌肉等器官组织的细胞中，硒主要功能是抗氧化和保护细胞膜不受氧化损伤。还可以影响蛋白质的合成，促进脂类的吸收，增加免疫等作用。一般饲料约含硒 0.1 毫克 / 千克，饲料需要补充硒，特别是在缺硒地区。缺硒时，鸡生长发育受阻，肌肉营养不良，出现明显的白色条纹，俗称"白肌病"，还可以引起鸡免疫力下降，产蛋期产蛋下降。硒的某些作用与维生素 E

具有交叉性，一般饲料中可添加亚硒酸钠维生素 E。

⑩ 碘。碘主要存在于甲状腺，参与甲状腺素的合成。一般饲料中约含碘 0.3 毫克 / 千克，需要饲料添加。缺碘时会影响甲状腺素的合成，出现甲状腺素缺乏症。主要表现为：畏寒，脂肪沉积加快，严重时出现甲状腺肿大。过量时，病鸡易脱毛，易患各种传染病。

⑪ 钴。钴存在于鸡体内的肝、肾、骨等组织器官中，是维生素 B_{12} 的组成成分之一；是鸡生长发育和维持健康不可缺少的元素。多数饲料均含有微量的钴，一般可以满足鸡的营养需要。饲粮中缺钴和缺维生素 B_{12} 症状相同，引起贫血症。

（5）维生素　维生素是机体内不可缺少的一种特殊的营养物质，多数维生素在鸡体内不能合成，需要由饲料提供。维生素都有其特殊的功能，缺乏会引起不同的症状。过多一般无毒性作用。根据亲水、亲脂不同，可将维生素分为水溶性（维生素 B、C）和脂溶性维生素（维生素 A、D、E、K）两种。

① 维生素 A。维生素 A 是脂溶性维生素，包括视黄醇、视黄醛、视黄酸等。它是鸡维持视觉功能和维持消化道、呼吸道、肠道等黏膜结构的完整、骨骼生长等所必需的物质。鸡的维生素 A 的最低需要量一般在 1 000~5 000 国际单位，主要来源于动物性饲料中如：鱼肝油等，而植物性饲料如：青菜、玉米、胡萝卜等中含维生素 A 原，在鸡体内可转化为维生素 A。维生素 A 缺乏会导致夜盲症，土鸡雏鸡出现精神萎靡、生长迟缓，逐渐消瘦、干眼症、抵抗力下降等；成年鸡表现为鸡冠发白，眼、鼻中流出水样分泌物，上下眼睑连在一起，严重的引起失明。母鸡产蛋率下降，公鸡出现精液质量下降，种蛋质量下降。维生素 A 过量（超过 50 倍）易引起鸡中毒，引起神经症状。维生素 A 在空气中容易被氧化破坏，应注意豆类应炒熟后使用，全价料不宜长久存放，并注意防止霉变。维生素 A 缺乏时可按维生素 A 正常需要量加大 3 倍拌料内服，如鱼肝油、维生素 AD_3 等，一般见效比较快。

② 维生素 B。B 族维生素属于水溶性维生素，种类广泛，主要包括：

维生素 B_1：也叫硫胺素（也叫抗神经炎维生素，抗脚气病维生素），参与乙酰胆碱的合成，参与碳水化合物的代谢。一般饲料中可满足需要，但当饲料中的硫胺素遭到破坏时，可引起缺乏症。缺乏时会引起外周神经紊乱，典型雏鸡症状是头向背后弯曲呈"观星"姿势。还伴有生长发育不良，采食减少，羽毛蓬乱，腿无力，步态不稳。成鸡发病鸡冠常呈蓝紫色，以后逐渐出现神经症状，严重的全身衰竭死亡。

维生素 B_2：也叫核黄素。参与能量和蛋白的代谢，参与氧化还原反应。一般动物性饲料和青饲料中含量很高，不容易缺乏，但易被碱、光等因素破坏。缺乏时雏鸡的典型症状为足跟关节肿胀，趾内向弯曲，甚至引起腿完全麻痹、瘫痪（蜷爪麻痹症）；成鸡缺乏时，会引起蛋的品质下降，影响受精率。

维生素 B_6：是吡哆醇、吡多醛、吡哆胺的总称，参与氨基酸的合成与代谢，参与碳水化合物和脂肪的代谢。在谷物、豆类、种子外皮中含量比较丰富，雏鸡容易缺乏。缺乏时，会出现发育受阻，脱毛、皮炎，有时有神经症状，成鸡产蛋率下降，孵化率降低。

维生素 B_{12}：也叫氰钴胺素、钴胺素，在体内参与核酸和蛋白质的生物合成，与维生素 B_{11} 的作用相互联系。一般在动物性饲料和微生物发酵饲料中含量丰富，鸡需要饲料中补充。缺乏时引起鸡贫血、生长发育不良。

③ 维生素 C。维生素 C 又名抗坏血酸，参与体内氧化还原反应及体内其他代谢，参与合成胶原蛋白，维持细胞间质的正常结构，具有解毒作用和有抗氧化作用。一般情况下饲料可以满足体内维生素 C 的需要，但当发生热应激，疾病等情况时，需要补充。缺乏时容易患坏血病，伴有生长发育不良，水肿等症状。

④ 维生素 D。维生素 D 又名抗佝偻病维生素等，脂溶性维生素，常见的两种主要形式是麦角钙化醇即 D_2 和胆钙化醇 D_3。维生素 D 的主要生理功能为调节钙和磷代谢。一般饲料中含维生素 D 较少，干草中含量多，需要饲料补充。缺乏时雏鸡的成骨作用发生障碍，出现佝偻症和软骨症，伴有发育不良，生长受阻；成鸡发生软骨症，蛋壳变薄，产蛋率下降。过量的维生素 D 能引起血钙过高，使多余的钙沉积在心脏、血管等地方，导致心力衰竭，甚至死亡。

⑤ 维生素 E。维生素 E 又名生育酚、抗不育维生素，脂溶性维生素，生物抗氧化剂，与硒有协同作用，可以阻止脂肪酸和其他易氧化物的氧，保护生物膜的完整，维持红细胞和毛细血管的稳定与完整等。维生素 E 还可促进性腺发育，提高鸡的免疫力，提高产蛋率。一般青饲料和谷类饲料富含维生素 E，但应激状态时，需要饲料补充。缺乏时，主要引起肌肉发育不良，典型症状为"白肌病"，长期缺乏病鸡出现瘫痪和脑软化症，最后心力衰竭而死亡。

⑥ 维生素 K。维生素 K 又名凝血维生素或抗出血维生素，脂溶性维生素，其主要生理功能是促进肝脏合成凝血酶和凝血因子，并激活从而参与凝血过程。一般体内可以合成，不需要饲料中添加。但是在鸡断喙的时候，需要添加。缺乏会导致血凝不良，出现皮下紫斑，过多会引起贫血。

（6）水　水和其他营养物质一样，是土鸡生长发育所不可缺少的物质之一。主要功能是鸡体内良好的溶剂，可以转运和排泄废物；是机体重要组成部分，可以和蛋白形成胶体，维持细胞组织形态；是许多生化反应的介质，如：水解，氧化还原反应等；调节体温和润滑体内各器官的作用。生态养鸡必须保证水的充足供应，并保证水源的卫生良好。缺水时，会导致代谢紊乱，甚至死亡。

4. 放养土鸡常用的补充饲料有哪几类？

放养土鸡的饲料来源广泛，分为天然饲料和辅助补饲饲料。天然饲料必须是不施加任何化肥、农药的，如放牧的山坡或果园。种植的补饲饲料也必须按照有机食品生产的要求操作；辅助补饲饲料生产过程中严禁添加各种药物添加剂。根据饲料原料的营养特性可以分为三大类：能量、蛋白质和矿物质饲料。

5. 放养土鸡的能量补饲饲料有哪些？

能量饲料是指饲料干物质中粗纤维少于 18%，粗蛋白少于 20% 的饲料。主要包括谷实类、糠麸类，以及富含淀粉的根、茎、瓜果类，还有油脂和糖蜜类，及一些外皮较少的草粉籽实类。能量饲料是土鸡能量的主要来源，约占日粮比例的 50%~80%。

（1）玉米　玉米是最常见的能量饲料，其纤维含量少，适口性强，消化率高，能量高，但蛋白含量较低。根据《中国饲料成分及营养价值表》（第八版）玉米代谢能平均为13.56兆焦/千克，居谷物饲料首位，是土鸡的主体能量饲料。玉米中的脂肪含量达3.5%~4.5%，消化率90%~94%，其脂肪中亚油酸约占59%，玉米在鸡的日粮中搭配50%，就能满足亚油酸的需要量。玉米蛋白仅含8.6%，蛋氨酸、赖氨酸和色氨酸的含量比较少，需要另外补充。黄玉米中含较高的胡萝卜素和叶黄素，有利于土鸡皮肤和喙、爪的着色，含维生素E较高，不含维生素D和维生素B_{12}。玉米中含磷高，但利用率低。

（2）高粱　去皮高粱能量约为玉米的80%，粗蛋白平均10%，赖氨酸、色氨酸、苏氨酸和组氨酸的含量较低，含维生素和玉米相似，玉米中含有丹宁酸，口感比较差，喂量不宜过多，一般5%~10%。

（3）小麦　小麦能量略低于玉米，粗蛋白12.1%，氨基酸比其他谷类完善，B族维生素也丰富，一般在玉米价格较高，小麦价格较低的时候使用较多。

（4）小米　能量与玉米相近，粗蛋白13.1%，其他营养与高粱相似，但适口性好。

（5）稻米　其能值约为玉米的70%，粗蛋白6.8%，赖氨酸和蛋氨酸的含量也较玉米低，稻谷去壳后加工成的碎大米代谢能接近玉米的代谢能，粗蛋白含量也可提高，而且易消化，便于鸡苗啄食，可在日粮中适当添加。

（6）其他谷实　有大麦、燕麦等，适量搭配使用，可增加日粮的原料种类，调节营养特质平衡。

（7）米糠　米糠是大米加工的副产品，其代谢能10.7兆焦/千克，粗蛋白约13%，粗脂肪15%~16%，米糠中因脂肪含量高，贮藏时要注意保管，以免发生酸败变质。

（8）麸皮　也叫小麦麸，其代谢能约6.8兆焦/千克，粗蛋白14.4%，粗纤维9.2%，赖氨酸含量较高，蛋氨酸含量低，维生素中胡萝卜素和维生素D含量少，B族维生素丰富。一般饲料中可以少许添加。

（9）油脂 分为动物性和植物性脂肪，植物油代谢能 34.3~36.8 兆焦／千克，动物性脂肪 29.7~35.6 兆焦／千克。饲料中添加油脂，可以提高能量。特别是在炎热的夏季，适量添加可以提高饲料营养浓度。一般添加 1%~3%。

6. 放养土鸡的蛋白质补充饲料有哪些?

蛋白饲料是指在干物质中，粗纤维含量低于 18%，粗蛋白大于 20% 或以上的饲料，包括豆类、饼粕类、动物性饲料类等。

（1）豆饼（粕） 大豆籽实提取油后的残渣，因榨油工艺不同，可分为豆饼和豆粕两种。用压榨法加工的副产品叫豆饼，用浸提法加工的副产品叫豆粕。豆饼（粕）中含粗蛋白质 40%~45%，经加热处理的豆饼（粕）是鸡最好的植物性蛋白质饲料。一般在饲粮中用量可占 10%~30%。虽然豆饼中赖氨酸含量较高，但缺乏蛋氨酸，故与其他饼粕类或鱼粉配合使用。注意不能用生豆饼喂鸡，因为其含有抗营养因子，加热可以破坏这个因子。

（2）花生饼（粕） 花生饼中粗蛋白质含量略高于豆饼，为 42%~48%，口感好，土鸡喜食，但蛋白品质较差，精氨酸含量高，赖氨酸含量低，其他营养成分与豆饼相差不大，与豆饼配合使用效果较好，一般在饲粮中用量可占 15%~20%，不宜做土鸡的唯一蛋白饲料。花生不宜生喂，应加热处理。花生饼脂肪含量高，贮存时易染上黄曲霉菌，染菌的不能喂鸡。

（3）葵花籽饼（粕） 优质的脱壳葵花籽饼粗蛋白质含量可达 40%，蛋氨酸含量比豆饼多 2 倍，粗纤维含量小于 10%，B 族维生素含量也比豆饼丰富，且容易消化。但目前完全脱壳的葵花籽饼很少，其粗纤维量大于 18%，按国际饲料分类原则不属于粗饲料。一般可添加 5%~15%。

（4）芝麻饼（粕） 芝麻榨油后的副产品，含粗蛋白质 40% 左右，蛋氨酸含量高，适当与豆饼搭配喂鸡。一般在饲粮中用量可占 5%~10%。

（5）菜籽饼（粕） 蛋白质含量约 38%，营养含量丰富，含有较多的钙、磷、硒和 B 族维生素，但适口性差，且含有硫葡萄苷，容易产生对鸡有害的物质。需加热处理去毒才能作为鸡的饲料，一般在饲粮中含量占 5％。

（6）棉籽饼（粕）　含粗蛋白质 33％ 左右，粗纤维含量较高，且含有棉酚，不宜单独作为鸡的蛋白质饲料。棉籽饼粕经去毒后，与豆饼、花生饼配合使用效果较好，饲粮中一般不超过 4％。

（7）鱼粉　鱼粉是鸡理想的动物性蛋白饲料，优质鱼粉蛋白在 55％ 左右，含有丰富的氨基酸、维生素和钙、磷等营养物质。但价格高，且容易带病菌（沙门氏菌），饲喂后有一定的腥味。一般用量 3％~7％，且在土鸡上市的 2 周前停喂。

（8）昆虫　包括蝉蛹、黄粉虫、蚯蚓等，这些昆虫含蛋白在 60％ 左右，且营养丰富，可以让鸡在自然的环境中自由采食。补饲饲料中添加不超过 5％。

（9）血粉　屠宰牲畜的血液经干燥后制成的产品，粗蛋白含量在 80％ 以上，含有较高的赖氨酸，但适口性差，消化率不高，可以添加 1％~3％。

（10）肉粉　包括肉骨粉，是屠宰后牲畜的废弃体脏加工而成的，含蛋白 30％ 左右，钙磷含量较高，一般添加小于 5％。

（11）羽毛粉　家禽羽毛经水解后得到的产品，其蛋白含量 80％ 以上，适当添加可以防止鸡的啄羽癖，但其氨基酸含量不平衡，蛋白品质较差，适口性差。一般添加不超过 3％。

7. 鸡需要的矿物质饲料有哪些？

矿物质饲料是为了补充土鸡在自然环境中采食后，不能满足体内所需的矿物质元素，需要补饲来满足。

（1）钙　主要是补充贝壳粉和石粉，石粉是天然的石灰石（碳酸钙）粉碎而成，含钙 34％~38％。贝壳粉是贝壳粉碎而成，含钙 30％~37％，是良好的钙质饲料。一般根据鸡的不同生长期添加量也不同。

（2）磷　主要是骨粉和磷酸氢钙，骨粉含磷 10％~15％，含钙 24％，因其成分变化较大，来源不稳定，只要杀菌彻底，可以安全使用，用量 2%~3%。磷酸氢钙（磷酸二钙），经脱氟处理后其氟含量小于 0.2%，磷 16%，钙 23%，钙磷比例比较平衡，可以添加 1%~2%，使用时要注意重金属不要超标。

（3）盐 盐规格比较多，一般粗盐含氯化钠 95%，精盐含 99%，盐含钠 38%，氯 59%，补饲中必须添加，可以补充矿物质，也可以增加适口性，帮助消化。一般添加 0.3%。

8. 放养鸡补饲日粮的配制需掌握哪些原则？

土鸡放养，即使可以采食到自然界中的多种营养素，但也一定要喂给补充饲料，否则其自身生长和产蛋都将会受到影响。有的养殖户也补喂农家饲料原料，这也是可以的；但如果规模化生产，还是要补充全价日粮，才能取得最好的养殖效益。

（1）选用合适的饲养标准 放养鸡补饲的日粮应满足放养鸡的营养需要，这是生产配合饲料和保证配合饲料品质的最基本的要求。要根据不同品种、不同日龄鸡的饲养标准设计相应的饲料配方。

饲养标准是以营养学家通过科学试验和生产实践总结的数据为依据，提供的营养指标。包括能量、蛋白质、粗脂肪、粗纤维、钙、磷、各种氨基酸，各种微量矿物质元素和维生素等。饲养标准分为国家标准，企业标准。放养土鸡要根据土鸡的品种、性别、周龄、营养状态、环境等因素，合理确定其不同营养物质的需要量。目前放养土鸡还没有专门的饲养标准，可参照地方品种土鸡的饲养标准（表3-1）执行。

表 3-1　地方品种黄鸡的饲养标准

周龄	0~5	6~11	12 以上
代谢能（兆焦/千克）	11.72	12.13	12.55
粗蛋白（%）	20.0	18.0	16.0
蛋白能量比（克/兆焦）	17.06	14.84	12.74

注：其他营养指标参考生长期蛋鸡和肉用仔鸡饲养标准折算

（2）饲料的适口性要好 饲料的适口性影响着鸡的采食量，适口性差的话，即便是饲料营养全面，但鸡的采食量少，营养就不够，势必影响鸡的饲养效果和生产性能。相反，如果饲料的适口性好，鸡的采食量合适，营养吸收多，饲养效果好，鸡的生产性能也会增加。

（3）各种营养元素要比例恰当　在满足能量需要的基础上，各种营养元素，如蛋白质、氨基酸、矿物质、维生素等的含量既要满足鸡的饲养标准，又要注意各种养分之间的比例。比例适宜的话，有助于营养的吸收利用，饲料报酬较高；反之，营养不平衡，就会降低饲料的利用率，饲料报酬下降。日粮中蛋白质和能量的比例通常用蛋白能量比来表示，日粮中能量低时，相应的蛋白质的含量也应降低；日粮中能量高时，相应的蛋白质的含量也应增加。如果日粮中蛋白高能量低或能量高蛋白低，都会造成饲料的浪费。另外，氨基酸、维生素、矿物质之间，有的存在协同作用，有的存在拮抗作用，所以在配料时一定要协调好它们之间的比例关系。

（4）选择合适的饲料原料　在不影响饲养效果和经济效益的前提下，要因地制宜，根据当地的实际种植情况，就地取材，使用物美价廉的原料，降低生产成本。

（5）饲料多样化　配合饲料时，为了满足鸡的营养需要，要使用不同的饲料原料，使饲料间不同的养分相互搭配相互补充，提高配合饲料的营养价值。

（6）严把原料质量关　有的饲料原料，如玉米、饼粕类等以及含脂肪高的原料，如果贮存不当，很容易发生霉变或酸败，损害肝脏，引起鸡的病变，所以，一定要把好质量关。另外，有些含毒素的饲料原料，如棉籽饼、菜籽饼等，在脱毒前应严格控制用量。

9. 放养土鸡计算饲料配方应该注意哪些问题？

① 首先考虑日粮中代谢能和粗蛋白质的需要量以及两者的比例，再看钙磷含量是否满足需要和平衡，最后调节维生素和微量元素的需要量。在配合日粮时一般不考虑原料中的维生素，完全靠额外添加来满足需要。

② 由于饲料原料品种、来源、含水量、储存时间不同，营养成分经常发生变化。在配制日粮时要加上安全系数，以保证应有的营养

物质含量，但是安全系数也不能太大，以免浪费。

③ 在条件允许的情况下，尽可能使用种类比较多的原料，达到营养物质互补（主要是氨基酸互补），降低饲料成本。

④ 既要求饲料质量好，适口性强，同时也要兼顾价格，使用一些便宜的原料。对一些有用量限制的原料要严格控制使用量，如棉籽粕、高粱等，避免图便宜而造成对鸡的伤害。

⑤ 每次配制的总饲料量不要超过一个月的用量，以免长期储存降低营养成分的含量，尤其是维生素的含量。夏季长时间储存饲料还容易发霉，尤其在高温高湿条件下极容易变质。

⑥ 饲料配方要相对稳定，如需要更换饲料最好采用逐渐过渡的方法，以免引起食欲下降和消化障碍。

⑦ 要根据土鸡的生长规律及营养需要做配方。据试验，土鸡的生长高峰有两个，即 20~45 和 65~100 日龄。营养需要为，1~60 日龄，粗蛋白 16%~18%，代谢能 11.7~12.8 兆焦 / 千克；60 日龄后，粗蛋白 13%~15%，代谢能 13 兆焦 / 千克。

⑧ 根据土鸡的饲养技术，饲料"前精后粗"，饲喂"前期自由，后期定时定量"，按土鸡的饲养标准配制。

10. 如何使用交叉法进行饲料配方计算？

交叉法也叫方形法，对角线法。在饲料种类少、营养指标要求低的情况下，可用此法。在饲料种类及营养指标要求多时，也可采用此法，但需反复计算，两两组合，比较麻烦，而且又不能使配合饲料同时满足多项营养指标。

例如，用玉米（含粗蛋白 8.5%）和豆饼（含粗蛋白 42.5%）配制粗蛋白水平为 16.5% 的混合饲料。

（1）作十字交叉图　把需要混合饲料达到的粗蛋白含量 16.5% 放在交叉处，玉米和豆饼的粗蛋白含量分别放在左上角和左下角；然后以左上、下角为出发点，各向对角通过中心作交叉，大数减小数，所得数字分别记在右上角和右下角。

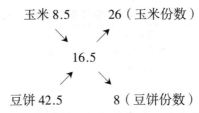

（2）计算混合比 用上面计算所得的分数除以它们的和，即得两种饲料的混合比。

玉米应占比例 =26÷（26+8）×100% ≈ 76.5%

豆饼应占比例 =8÷（26+8）×100% ≈ 23.5%

此法计算结果仅满足了粗蛋白的需要，其他成分没有计算，因此，实用价值不大。

11. 如何使用试差法进行饲料配方计算？

试差法在目前日粮配制中应用较多。试差法就是根据经验和饲料营养含量，先大致确定各种饲料在日粮中所占比例，再将各种饲料所含营养成分分别计算出来，这样同种养分相加得到该初拟配方的每种养分的含量，然后与饲养标准对照，看看还差多少，再适当调整，所以叫试差法。调整时可通过某些饲料的含量和比例，直到所有营养指标都基本满足营养标准为止。调整的顺序为能量、蛋白质、磷、钙、蛋氨酸、赖氨酸、食盐等。

下面以配土蛋鸡饲料的配方过程，说明使用试差法的计算方法。

第一步：确定营养需要，查蛋鸡的营养标准（表3-2）。

表3-2 蛋鸡的营养标准

代谢能（兆焦）	粗蛋白质（%）	钙（%）	磷（%）
11.54	16.5	3.5	0.6

第二步：掌握饲料原料的营养成分。已知原料及其营养成分见表3-3。

45

表 3-3　饲料原料及其营养成分

饲料名称	代谢能 （兆焦/千克）	粗蛋白质 （%）	钙 （%）	磷 （%）
黄玉米	14.02	8.5	0.02	0.21
高粱	12.93	8.5	0.07	0.11
麦麸	7.11	13.5	0.22	1.09
豆饼	10.04	42.1	0.27	0.63
菜籽饼	8.62	31.5	0.61	0.95
鱼粉	9.83	53.6	3.16	0.17
血粉	9.92	80.2	0.30	0.23
骨粉			30.12	13.46
贝壳粉			38.10	0.07

　　第三步：初拟配方。根据营养需要、饲料供应情况、饲料营养成分和参照典型日粮或经验配方，首先粗略制定一饲料配方成分见表 3-4。

表 3-4　粗略制定饲料配方

饲料	配方 （%）	代谢能 （兆焦/千克）	粗蛋白质 （%）	钙 （%）	磷 （%）
黄玉米	59	8.27	5.015	0.0118	0.1239
高粱	10	1.29	0.85	0.007	0.011
麦麸	3	0.21	0.45	0.066	0.0327
豆饼	9	0.90	3.789	0.0234	0.0567
菜籽饼	5	0.43	1.575	0.0305	0.0465
鱼粉	5	0.49	2.68	0.158	0.0585
血粉	2	0.20	1.602	0.036	0.0046
骨粉	2			0.602	0.2692
贝壳粉	5			1.905	0.0035
饲料标准		11.54	16.50	3.50	0.60
总计	100	11.79	15.961	2.8397	0.60
与标准比较		+0.25	-0.539	-0.6603	0

　　第四步：调整。由上述初拟配方可以看出，能量多了 0.25 兆焦，粗蛋白缺 0.539%、钙缺 0.6603%。因此，在少量减少能量的

同时，要适当增加粗蛋白和钙含量。设想用豆饼代替玉米，每增加1%豆饼，减少1%玉米时，粗蛋白增加0.336%，能量减少0.042兆焦，钙增加0.0025%，磷增加0.0042%。如豆饼增加2%，玉米减少2%，那么，总能量为11.71兆焦，粗蛋白为16.75%钙为2.745%磷为0.0608%，结果能量还多0.20兆焦，粗蛋白基本符合要求。钙仍差0.755%，磷已满足要求。如增加2%的贝壳粉，减少2%的玉米，则能量为11.43兆焦，粗蛋白16.42%，钙3.51%，磷0.6%。调整后的配方归纳见表3-5。

表3-5　调整后的配方

饲料	配方（%）	代谢能（兆焦/千克）	粗蛋白质（%）	钙（%）	磷（%）
黄玉米	55	7.71	4.67	0.011	0.1155
高粱	10	1.29	0.85	0.007	0.011
麦麸	3	0.21	0.45	0.066	0.0327
豆饼	11	1.10	4.63	0.0297	0.0693
菜籽饼	5	0.43	1.575	0.0305	0.0465
鱼粉	5	0.49	2.68	0.158	0.0585
血粉	2	0.20	1.602	0.036	0.0046
骨粉	2			0.602	0.2692
贝壳粉	7			2.667	0.0049
饲料标准		11.54	16.50	3.50	0.60
总计	100	11.43	16.457	3.61	0.61
与标准比较		-0.11	-0.043	+0.11	+0.01

12. 如何配制土鸡放养期的饲料？

小规模饲养场多根据营养标准，以试差法设计配方；规模型鸡场或饲料厂，目前多使用配方软件，既快捷，又精确。但是，无论采用哪种方法，都必须了解土鸡营养的特殊性，所用饲料的大体比例。根据多年来实践经验，配制土鸡放养期精料补充料的不同饲料原料的大致比例如表3-6所示。

表 3-6 　放养土鸡饲料配制不同原料的大致比例关系 （单位：%）

项 目	育雏期	育成期	开产期	产蛋高峰期	其他产蛋期
能量饲料	69~71	70~72	68~70	64~66	65~68
植物性蛋白饲料	23~25	12~13	18~20	19~21	17~19
动物性蛋白饲料	1~2	0~2	2~3	3~5	2~3
矿物质饲料	2.5~3.0	2~3	5~7	9~10	8~9
植物油	0~1	0~1	0~1	2~3	1~2
限制性氨基酸	0.1~0.2	0~0.1	0.1~0.25	0.2~0.3	0.15~0.25
食盐	0.3	0.3	0.3	0.3	0.3
营养性添加剂	适量	适量	适量	适量	适量

　　根据以上提供的不同原料的大致比例，即可设计配方。在配方设计时，不同原料的用量要灵活掌握。例如，能量饲料主要有玉米、高粱、次粉和麸皮。由于高粱含有的单宁较多，用量应适当限制。麦麸的能量含量较低，在育雏期和产蛋期用量不可太多，否则将达不到营养标准；另外，动物性蛋白饲料主要是优质鱼粉、蝇蛆粉、黄粉虫粉。尽量不用皮革粉或肉骨粉；油脂对于提高能量含量起到重要作用，但选用油脂最好使用无毒、无刺激和无不良气味的植物油脂，不应选用羊油、牛油等有膻味的油脂，以防将这种不良气味带到产品中去，影响适口性，降低产品品质。

　　关于沙砾的添加，一般笼养鸡有意识地添加一些小石子，以帮助消化。但在放养期间鸡可自由采食自己所需要的营养物质。田间或草地中，特别是山场，有丰富的沙石，可不必另外添加。

　　青饲料的添加问题。在放养期间，由于鸡可采食大量的青绿饲料，因此，没有必要在补充的饲料中额外添加。但是在育雏后期，为了使小鸡适应放养期的饲料，可逐渐在配合饲料中添加 10%~30% 的优质青饲料；在冬季产蛋期，为了保证鸡蛋蛋黄色度和降低胆固醇，可在配合饲料中增加 10%~15% 的优质青饲料（如蔬菜）或添加 5% 左右的优质青干草。

13. 介绍几个供雏鸡补饲的参考配方

下列饲料配方可供土鸡育雏期参考使用。

配方1：玉米45%、碎米18%、小麦12%、豆饼20%、鱼粉3%、骨粉2%、食盐适量。

配方2：玉米粉53.2%、麸皮8%、豆饼粉22%、菜籽饼粉6%、鱼粉6%、骨粉2%、贝壳粉2%、多维素0.5%、食盐0.3%。

14. 介绍几个放养鸡育成期补饲参考配方

配方1：玉米55%、豆粕10%、鱼粉1%、麸皮16%、统糠16%、骨粉1%、盐0.3%、蛋氨酸0.2%、微量元素0.35%、氯化胆碱0.15%。

配方2：玉米20%、碎米15%、小麦10%、豆饼（糠）饼30%、碎青料20%、微量元素3%、食盐1%、小苏打1%。其中鱼粉、骨粉可自制，收集蚌肉、畜禽骨等晒干烘透粉碎即成。可以让鸡任意采食，不限量。

15. 介绍几个放养鸡产蛋期补饲参考配方

配方1：玉米62%、小麦17%、豆饼12%、鱼粉4%、滑石粉1%、贝壳粉2.6%、生长素0.5%、多维素0.5%、食盐0.4%。

配方2：玉米62%、豆粕20%、菜籽粕或棉籽粕6%、贝壳粉2%、预混料5%，其他青饲料或纤维饲料5%。

配方3：玉米60%、豆粕24%、鱼粉3%、麸皮10%、骨粉2%、蛋氨酸0.2%、盐0.3%、微量元素0.35%、氯化胆碱0.15%。

配方4：玉米65%、豆粕26%、鱼粉5%、骨粉3%、蛋氨酸0.3%、盐0.3%、微量元素0.25%、氯化胆碱0.15%。

配方5：玉米61%、豆粕18%、鱼粉3%、麸皮6%、骨粉1.5%、菜子饼5%、石粉5%、盐0.3%、微量元素0.1%、氯化胆碱0.1%。

16. 怎样控制病原菌污染?

在生态养殖过程中常见的病原菌是细菌和霉菌，这些菌严重地威胁着人类的健康，因此养殖者必须注意控制。

（1）大肠杆菌　是鸡和人肠道内的正常菌群，多数不致病，而且在维持肠道正常生理机能起着重要作用。但有少数的菌被称为致病性大肠杆菌，可感染肠道。主要包括：肠致病性大肠杆菌、肠产毒性大肠杆菌、肠侵袭性大肠杆菌、肠出血性大肠杆菌、肠黏附性大肠杆菌等。这些菌可以引起动物的局部性或全身性大肠杆菌感染、腹泻、败血症和毒血症等，是人畜共患病。

大肠杆菌的症状与防治我们在以后的章节会讲到，这里主要是提醒养殖者，本病是食品安全检测的一个指标，养殖过程中一定要做好控制。主要是严格的消除传染源（本病传染源主要是动物粪便），做好消毒工作，并加强饲养管理，防患于未然。

（2）沙门氏菌　是一种重要的人畜共患病，也是食品安全检测的一个指标，本菌引起的食品中毒是世界主要中毒病之一。本菌在自然界分布广泛，血清型众多。养鸡上主要传染源是动物性饲料原料，比如：鱼粉、骨粉等。鸡感染本菌后易得白痢、伤寒和副伤寒，症状与防治以后章节会讲到，一旦感染本菌将很难根除。

作为生态养殖者，一定要严格控制本病的传入。可以定期做沙门氏菌的平板凝集试验，以检测鸡群中是否存在阳性菌，一旦发现阳性菌立即淘汰。做好引种和动物性饲料原料的本菌检测是良好的控制该病传入的方法。

（3）霉菌　即发霉的真菌，它在饲料和饲料原料代谢过程中所产生的代谢产物叫霉菌毒素，主要产生于饲料的加工和贮存期间。土鸡采食受污染的饲料后，可以在肝、肾、肌肉中检测出霉菌毒素。其中曲霉菌是目前发现的感染最多的菌类，同时该菌也是强化学致癌物，其他还包括：黄曲霉菌、玉米赤霉烯酮、呕吐霉素、T-2毒素等。霉菌的生长温度 20~30℃，相对湿度为 80%~90%，饲料原料的含水量是霉菌能否生长的一个关键因素。因此防止霉变要注意以下几方面。

① 严格控制玉米水分。玉米是饲料原料的主要能量饲料，在日粮中添加比例较大，必须严格控制玉米水分。一般北方要求水分含量低于 12%，南方 14%。已经发霉或者水分较大的玉米千万不可应用到饲粮中。

② 慎用动物蛋白饲料。动物蛋白饲料中如果含水量较高或者脱脂不全，容易引起霉变。

③ 注意饲料加工环节。在饲料加工过程中，主要注意两点。一是饲料加工散热要充分，特别是颗粒料，要调节好冷却的时间与所需的空气量；二是饲料生产设备的灰尘要小，防止空气中的霉菌孢子污染。

④ 加强饲养管理过程。在饲养管理中，可能会出现雨水等淋湿饲料，水槽漏水进入饲料中，长时间容易引起霉变。因此在饲料的保存与使用过程中，应当注意防水、防潮。

目前在饲料中普遍使用防霉剂，主要是丙酸及其盐类。这些防霉剂具有抑菌范围广，安全性高等优点。但这些防霉剂只有在 pH 值低于 5 的时候，抑菌效果才佳。所以在饲料的使用与保存过程中应注意防霉。

17. 怎样控制兽药残留污染的危害？

药物残留是指在土鸡的养殖过程中，未按生产无公害产品的要求，非法使用了违禁兽药，或违规使用了抗生素或药物饲料添加剂，又没有遵守停药期的规定，使药物的原形或其代谢产物可能在鸡体内蓄积、贮存，从而使药物残留超标，影响鸡肉的品质或者鸡蛋的质量。药物残留既可以直接损害人类健康，如产生癌症，导致菌类产生耐药菌株加大对人类侵害等；也会污染环境，影响人类生存质量。我们根据其原因制定控制措施如下。

（1）坚决不使用违禁药物　随着养殖业的不断发展，人类生活水平的不断提高。对兽药及其添加剂的使用是越来越严格。自 2006 年起，欧盟禁止在肉鸡养殖中添加任何抗生素。我国农业部早在 2003 年就公布了《食品动物禁用的兽药及其化合物清单》，后来又多次进行了修订完善。作为生态土鸡的饲养，应该禁止使用任何药物饲料添加剂。

其中，禁用的兽药和化合物主要如下。

① β-兴奋剂类：包括沙丁胺醇，克伦特罗，马希特罗，及其盐，酯类制剂。

② 性激素类：包括乙烯雌酚，及其盐，酯类制剂。

③ 类雌激素物质：包括醋酸甲孕酮，米雌霉醇，去甲雄三烯醇酮，及其制剂。

④ 氯霉素及其盐，酯类制剂，包括琥珀酰氯霉素。

⑤ 氨苯砜，及其制剂。

⑥ 硝基呋喃类：包括呋喃唑酮，呋喃它酮，呋喃苯烯酸钠。

⑦ 硝基化合物：硝基酚钠，硝基烯腙，及其制剂。

⑧ 镇静类：安眠酮，及其制剂。

⑨ 林丹（丙体六六六）。

⑩ 毒杀芬（氯化烯）。

⑪ 呋喃丹（克百威）。

⑫ 杀虫脒（克死螨）。

⑬ 双甲脒。

⑭ 酒石酸锑钾。

⑮ 锥虫胂胺。

⑯ 孔雀石绿。

⑰ 五氯酚酸钠。

⑱ 汞制剂：包括硝酸亚汞，氯化亚汞（甘汞），醋酸汞，吡啶基醋酸汞。

⑲ 性激素类：甲基丸酮，丙酸酮，苯丙酸诺龙，苯甲酸雌二醇，及其盐。

⑳ 镇静类：包括氯丙嗪，安定，及其盐，酯类制剂。

㉑ 硝基咪唑：甲硝唑，地美硝唑，及其盐，酯类制剂。

其中，1~8类在所有用途上禁止使用，在所有食用动物上禁止使用。9~18类作为杀虫剂禁止使用，在所有食用动物上禁止使用，10类作为清塘剂禁止使用，16类作为抗菌用途也禁止使用，17类作为杀螺剂禁止使用。19~21类在促生长用途上禁止使用，在所有食用动物上禁止使用。此外，2016 年农业部发布公告，禁止硫酸黏菌素预混剂用于动物促生长。

近年来，农业部共禁止了 8 种兽药用于食品动物。即 2015 年禁止洛美沙星、培氟沙星、氧氟沙星、诺氟沙星等 4 种人兽共用抗菌药物用于食品动物，2017 年禁止非泼罗尼用于食品动物，2018 年禁止喹乙醇、氨苯胂酸、洛克沙肿等 3 种兽药用于食品动物。

（2）严格遵守停药期的规定　在规模化土鸡放养过程中难免会遇到疾病，需要借助药物来解决，要严格遵守《中华人民共和国兽药管理条例》中规定的停药期规定，保证动物性食品的安全性。

（3）放养土鸡不能使用抗生素及药物饲料添加剂

18. 怎样控制农药残留污染？

农药残留是农药使用后一个时期内没有被分解而残留于生物体、收获物、土壤、水体、大气中的微量农药原体、有毒代谢物、降解物和杂质的总称。如果土鸡直接食用农药污染的植物，或者间接食用含有农药残留的饲料原料，农药残留物就会在鸡体内蓄积，引起鸡的慢性中毒或者引起鸡的产品对人类健康产生危害。

引起农药残留的主要有杀虫剂和杀菌剂。杀虫剂包括：有机磷杀虫剂如：敌百虫、对硫磷等，这些杀虫剂容易与体内的胆碱酯酶结合引起中毒症状；菊酯类杀虫剂如：溴氰菊酯、氯菊酯等，这类杀虫剂容易通过接触引起鸡的中毒症状。杀菌剂如：铜杀菌剂、汞杀菌剂、硫杀菌剂等，这些杀菌剂的使用都会引起植物的药物残留，当鸡接触到这些被污染的植物或者食入饲料里含有被污染的植物，都会对鸡产生毒害作用。农药污染的控制措施主要如下。

（1）使用低毒低残留的化学农药　农作物病虫害可用低毒低残留的农药进行防治，适用的农药主要有多杀菌素（菜喜）、农地乐、除虫净、辛硫磷、霉能灵、多菌灵等。严禁使用高毒高残留农药，如3911、呋喃丹、氧化乐果等。农药在使用中要注意，严格控制农药浓度和使用次数，采用合理的用药方法。注意不同种类农药轮换使用并严格执行农药使用安全间隔期。

（2）采取生物防治方法　生物防治是指选用病虫害天敌或者生物

农药进行防治。比如：利用果园进行土鸡生态养殖，一旦发现果树害虫为害，应尽量避免使用毒害大的化学农药，而应优先选用生物农药。常用生物农药种类有：抗生素类杀虫杀菌剂，如阿维菌素、农抗120、农用链霉素等；昆虫病毒类杀虫剂，如奥绿1号；植物源杀虫剂，如苦参素、绿浪等。

19. 怎样控制其他有毒有害物质的污染？

饲料的生产、加工、贮存、运输等过程中，还可以受到很多的有毒有害物质的侵害，当土鸡食入受到污染物侵害的饲料，就会使其产品的品质降低甚至产生危害人类健康的危险。下面重点讲几个：

（1）饲料原料本身的污染与控制　饲料原料中可能含有毒害物质，如大豆及大豆饼就含有胰蛋白酶抑制因子，它可以抑制胰蛋白酶的活性，降低鸡的蛋白消化率，从而阻碍鸡生长。适当加热就可破坏这种因子。

饲料原料棉籽饼中的有毒物质：棉酚（酚毒苷）为萘的衍生物，是一种对鸡毒害性较大的物质，容易引起蓄积中毒，如果饲料中选用榨油加工不当或添加过多的棉籽饼，都会造成棉籽饼的中毒。棉酚主要与体内的蛋白质结合使酶丧失活性，引起缺铁性贫血。据研究，成鸡内服30克棉籽饼就会引起严重的中毒。控制方法就是尽量不使用棉籽饼。

（2）氟污染的危害与控制　氟是土鸡正常健康生长不可缺少的元素之一，可以起到提高骨骼硬度的作用。但过量后会导致骨骼过硬，并影响磷及锌、铁、铜的吸收。在饲料生产中的氟含量往往超标，长期食用这样的饲料还会引起氟中毒。中毒后往往表现为呕吐、腹泻及其他普通中毒症状如：精神沉郁，采食减少等。因此必须注意要检测饲料中氟的含量，控制措施就是减少使用含氟高的饲料原料。

（3）重金属污染的危害与控制　重金属包括铅、砷、汞，广泛存在于自然界中，一般在自然界的含量都不容易引起中毒，但是当土鸡采食了含有这些重金属或其化合物的饲料原料时，就容易引起蓄积中毒，出现普通中毒症状，精神沉郁，采食下降，呕吐、腹泻等，严重的引起死亡。中国饲料卫生标准规定鸡配合饲料中铅的含量不能高于 30 毫克 / 千克，砷不高于 10 毫克 / 千克。控制措施是减少使用重金属含量高的饲料原料。

（4）微量元素过量的危害与控制　微量元素更是鸡必不可少的元素之一，但是过量使用会带来蓄积中毒。特别是铁、铜、锌、硒，这些元素的化合物在饲料中过多使用，都会引起中毒。铁中毒会降低钙、磷的吸收，引起维生素 A 缺乏症，严重时导致再生障碍性贫血，甚至死亡。铜过量会引起腹泻、呕吐等中毒症状，甚至黄疸及死亡。锌中毒会引起肝脾肾肿大，甚至死亡。硒中毒（超过正常剂量的10~20 倍）慢性的会导致生长缓慢，心肌萎缩等，急性的会导致心脏衰竭死亡。所以这些微量元素的使用一定要注意剂量。

第四章 生态放养土鸡育雏期饲养

1. 如何根据雏鸡的生理特点制定育雏期饲养管理措施?

土鸡雏鸡的育雏期是指 0~42 日龄的幼雏期,可分为育雏期舍内饲养阶段(1~28 日龄)和育雏期舍外放养阶段(29~42 日龄)。雏鸡的饲养与管理工作是土鸡放养中艰巨的中心工作之一,它直接关系到雏鸡的生长发育、成活及将来的生产力,与经济收益密切相关。

必须根据雏鸡的生理特点来制定育雏期饲养管理的措施。

(1)雏鸡体温调节机能较差,应提供适宜环境温度,坚持看鸡施温 初生雏体温调节中枢的机能还不完善,体温又比成鸡低 1~3℃,刚出生时全身都是绒毛,缺乏抗寒和保温能力,既怕热又怕冷,随着日龄的增长,绒毛逐渐换成羽毛,保温能力逐渐增强,同时体温调节机能也逐渐完善。根据雏鸡这一生理特点,在育雏期要提供适宜的环境温度。一般第 1 周 35~33℃,第 2 周 33~31℃,第 3 周 31~28℃,第 4 周 28~24℃,以后逐渐降低到室温。在具体执行时还要根据雏鸡对温度的反应情况和环境气候状况,看鸡施温。

(2)雏鸡代谢旺盛生长迅速,应提供优质全价饲料,加强通风换气 雏鸡代谢旺盛,心跳快,单位体重耗氧量和排出二氧化碳的量比家畜高 1 倍以上,需要不断供给新鲜空气,因此要加强通风换气。羽毛生长也特别快,而羽毛中蛋白质含量为 80%~82%,因此应提供高蛋白全价饲料。饲料中的蛋白质应以动物性蛋白为主,并及时扩群,使每只鸡都有足够的活动空间和饮食设施,以利于雏鸡的生长发育。

(3)雏鸡消化吸收机能较弱,应提供易消化的饲料,坚持少喂勤添 雏鸡胃的容积小,进食量有限,肌胃研磨饲料的能力弱,消化道内又缺乏一些消化酶,其消化能力必然较差,根据这一特点在饲养管理上应做到少喂勤添，提供纤维含量低、易消化的饲料。

（4）雏鸡免疫机能尚未健全，应采用全封闭育雏法，加强疫病防制　入舍前对鸡舍及周围环境进行清扫、冲洗、消毒，育雏期间定期带鸡消毒，减少发病概率；采用全封闭育雏法，杜绝疫病传入；根据母源抗体水平和当地疫情，及时做好防疫接种工作，增强抗病能力。

（5）雏鸡喜群居胆小怕受惊，应做好防鼠灭害工作，保持环境安静　雏鸡喜群居，胆小怕受惊，各种惊吓和环境条件的突然改变，都会使其惊恐不安，因此在重点做好防鼠灭害工作的同时，饲养员在工作中还应轻拿轻放，避免应激因素对雏鸡的影响，保持环境安静。

（6）雏鸡水分消耗多易脱水，应及时补充鸡体水分，防止雏鸡脱水　种蛋在 21 天高温孵化过程中蛋内水分消耗大，雏鸡出壳后又经过分捡、防疫、运输，才送达育雏舍，这段时间较长，雏鸡很容易脱水，因此应及时供给饮水，最好是温开水，水中添加 5%~8% 的葡萄糖和少量维生素 C，以防应激和脱水。

（7）适当训练　育雏期，要在饲料中添加适量切碎的青菜叶或野菜叶，逐步锻炼鸡雏采食、消化粗饲料的能力。7 周龄脱温后，只要天气合适，室内外温差不是很大，都应定时将鸡群放到棚前的空闲地上，通过约束训练，逐步扩大活动范围、延长活动时间，直至鸡群能自由活动。饲喂量要逐步减少，遵循"早少晚饱"的原则，以调动鸡群外出觅食的积极性。

2. 育雏前如何拟订育雏计划？

育雏工作是一项艰苦而细致的技术工作，要求育雏人员既要有高度的责任心和事业心，还要掌握过硬的育雏技术。育雏前必须有完整周密的育雏计划，选择合适的育雏季节。

育雏计划包括育雏时间、雏鸡的品种和数量、雏鸡的来源和饲养目的、饲料和垫料的数量、用药计划和预期达到的育雏成绩等。

育雏季节应根据鸡场的条件来决定。对于一定规模的养鸡场，特别是设备条件较好、采用密闭式鸡舍育雏的，一般不受季节变化的影响，一年四季均可育雏。中小型鸡场，特别是农村养鸡专业户，因设备条件的限制，多采用开放式鸡舍。开放式鸡舍育雏时，育雏季节与雏鸡的成活率及以后成年鸡的产蛋量都有密切的关系。生产实践证明，放养土鸡最好选择 3—5 月育雏，因为，这时候气温逐渐上升，阳光充足，对雏鸡生长发育有利，育雏成活率高。到中鸡阶段，由于气温适宜，舍外活动时间长，可得到充分的运动与锻炼，因而体质强健，对以后天然放牧采食、预防天敌非常有利。春雏性成熟早，产蛋持续时间长，尤其早春孵化的雏鸡更好，选择这段时间育成的雏鸡产蛋高峰来临时，正赶上中秋节、国庆节、元旦、春节这四个节日，鸡蛋销路好且卖价高。如果春季鸡蛋销路不好，可在第二年春节前后把鸡全部淘汰，因这时土鸡价高。同时，还根据自己的实力情况选择第二年春季土鸡的第二产蛋高峰，6—7 月淘汰全部土鸡。

3. 育雏前要做好哪些准备工作？

为了使育雏工作能按预定计划进行，取得理想效果，应提前做好以下几方面的准备工作。

（1）育雏舍的设计　在设计上，育雏舍不能渗漏雨水，墙壁不能有裂缝，水泥地面要平整，无鼠洞且干燥；坐北向南，东西走向；门窗严密，保温性能好，并能通风换气；离其他鸡舍保持 100 米距离，有条件的地方不与其他鸡混养，可减少疾病感染的机会。平养育雏舍内可间隔成多个小间，便于分群饲养管理和调整鸡群。

（2）育雏设备　育雏前要准备好保温设备、饲槽、饮水器、水桶、料桶、温湿度计、扫帚、清粪工具、消毒用具；另外根据实际情况添置用具。若是笼养育雏，还要准备专用的育雏笼。针对农村土鸡养殖，育雏笼也可就地取材自制，便于雏鸡采食、饮水和饲养人员管理操作即可。

①保温设备。

热风炉：是以煤等为原料的加热设备，在舍外设立，将热风引进鸡舍。

锅炉供暖：分水暖型和气暖型，育雏供温以水暖型为宜。

红外线供暖：红外线发热原件有两种主要形式，即明发射体和暗发射体，两种都安装在金属反射罩下。

煤炉供暖：我国北方常用。

② 采食饮水设备。

食槽：要求光滑、平整，鸡采食方便但不浪费饲料，便于清洗和消毒，高度要合适，通常食槽上缘比鸡背约高 2 厘米。食槽可用木板、镀锌薄铁板或硬塑料制成。

饮水器：种类多，根据鸡的大小和饲养方式而定，但都要求易清洗，不漏水，不污染。

③ 笼具。

电热育雏器：属于叠层笼养设备，由一组电加热笼、一组保温笼和四组运动笼三部分组成，饲养量 1~15 日龄 400~600 只，16~45 日龄 300~400 只。

育雏育成笼：四层阶梯式，两层中间笼先育雏，育雏结束，均匀移至上下两层，育雏靠锅炉气暖。

网上育雏：网上结构分为网片和框架两部分，网眼为 1.25 厘米×1.25 厘米，也可用竹条代替。标准化肉鸡场使用的塑料网架更好。

④ 准备垫料。在平面育雏时一般都采用垫料，常选用稻壳、锯末、刨花等，以 10 厘米长为宜，厚度 3~5 厘米。垫料要求干燥、清洁、柔软、吸水性强、灰尘少，使用前需在太阳底下日晒消毒，要注意不断翻动，以便彻底消毒。

（3）准备饲料与药物　根据育雏数量，备好雏鸡专用全价饲料和必需药品等。

育雏可用全价配合颗粒饲料或自配粉饲料。土鸡 0~6 周龄累计饲料消耗为每只 750~800 克。自配饲料应选择无污染、不变质的原料，且要求搅拌均匀、颗粒大小合适、适口性好。一般要求雏鸡饲料的营养水平：代谢能 11.9~12.1 兆焦/千克，粗蛋白质 18%~20%。配方可参考使用：玉米 63.3%、麸皮 4.7%、豆粕 22.6%、花生粕 3%、菜粕 2%、鱼粉 1%、氢钙 1.4%、石粉 0.7%、食盐 0.3%、预混料 1%。每配一次饲料饲喂时间不能过长，1 周内吃完为宜。

在梅雨季节更要现配现用，成品饲料宜在 7 天用完，不宜久存。同时，要做好饲料的贮存保管工作，避免虫咬鼠盗，受潮发霉，以防变质。

要拟定好免疫程序，准备充足的疫苗。在购买时，要谨慎选择生产厂家和生产日期。除准备必要的疫苗外，还要准备必要的防治白痢、球虫的药物（如球痢灵、杜球、三字球虫粉等），抗应激剂（如维生素C、速溶多维），营养剂（如糖、奶粉、电解多维等），消毒药（酸类、醛类、氯制剂等，准备3~5种消毒药交替使用）。

此外，还要准备足量的温开水，以便雏鸡进舍时饮用。冬天温开水的温度以20~25℃为宜。

（4）育雏舍的清洗、消毒和预温

① 房舍和装备的维修。进鸡前15天，修补鸡舍，确保鸡安全。房舍的修缮应保证其保温和通风良好，不漏雨，不潮湿。装备的维修包括对笼具、水线、料槽、照明电、通风、加温装备等。准备足够的喂料盘或喂料用塑料布、饮水器。

② 清洗与消毒。雏鸡入舍前，鸡舍应空置2周以上，在进雏前一周，对育雏鸡舍墙壁、地面、饲养设备以及鸡舍周围彻底冲洗，充分干燥后，采用两种以上的消毒剂交替3次以上的喷洒消毒。关闭所有门窗、通风孔，对育雏鸡舍升温，温度达到25℃以上时，每立方米空间用福尔马林28毫升，高锰酸钾14克，对鸡舍和用具进行熏蒸消毒，先放高锰酸钾在舍内瓷器中，后加入福尔马林，使其产生烟雾状甲醛气体，熏蒸2~4小时后打开门窗通风换气。

平养通常要对即将使用的料桶、水桶或水槽浸泡消毒；笼养通常要对即将使用的水壶、开食盘、饮水器浸泡消毒。浸泡消毒时可将这些待使用的用具放入容器内，加上配制好的消毒水，直至将全体用具沉没，浸泡半天后，即可取出用具晾干，搬入鸡舍备用。

育雏开始前应在门前设消毒池。

③ 鸡舍的预热。在进雏的前3天，要利用加温装备进行预温，经过预温使鸡舍内温度达到适宜接雏的温度，32~35℃，定好操作日程和防检制度。

4. 育雏的方式有哪些？

（1）地面育雏　把雏鸡放在铺有垫料的地面上进行饲养的方法称为地面育雏。从加温方法来说大体可分为地下烟道育雏、煤炉育雏、电热或煤气保温伞育雏、电热板或电热毯育雏、红外线灯育雏、远红外板育雏和地下暖管升温育雏等。

① 地下烟道育雏。地下烟道用砖或土坯砌成，其结构形式多样，根据育雏室的大小设计。较大的育雏室，烟道的条数要相对多些，采用长烟道；育雏室较小，可采用"田"字形环绕烟道。其原理都是通过烟道加温地面和育雏室空间，以升高育雏温度。

地下烟道育雏优点较多：育雏室的实际利用面积大；没有煤炉加温时的煤烟味，室内空气较为新鲜；温度散发较为均匀，地面和垫料暖和，由于温度是从地面上升，小鸡腹部受热，因此雏鸡较为舒适；垫料干燥，空气湿度小，可避免球虫病及其他病菌繁殖，有利于小鸡的健康；一旦温度达到标准，维持温度所需要的燃料将少于其他方法，在同样的房屋和育雏条件下，地下烟道的耗煤量比煤炉育雏的耗煤量至少省 1/3。

因此，烟道加温的育雏方式对中小型土鸡场和较大规模的土鸡养殖户较为适用。值得注意的是，在设计烟道时，烟道的口径进口处应大，往出烟处应逐渐变小，由进口到出口应有一定的上升坡势，烟道出烟处不放在北面，要按风向设计。

为了提高热效率和育雏室的利用率，可采用平顶天花板加笼育的方法。在管理上，天花板要留有通风出气孔，根据室温及有害气体的浓度经常进行调节，必要时应在出气孔处安装排风扇，以便在温度过高等紧急情况下加强排气，按育雏温度标准调节室温。

② 煤炉育雏。煤炉可用铁皮制成或用烤火炉改制而成，炉上设有铁皮制成的伞形罩或平面盖，并留有出气孔，以便接上通风管道，管道接至室外，以便排出煤气。煤炉下部有一个进气孔，并用铁皮制成调节板，以便调节进气量和炉温。煤炉育雏的优点是：经济实用，耗煤量不大，保温性能稳定。在日常使用中，由于煤炭燃烧需要一段时间，升温较慢，因此要掌握煤炉的性能，要根据室温及时添加煤炭和调节通风量，确保温度平稳。在安装过程中，炉管由炉子到室外要逐步向上倾斜，漏烟的地方用稀泥封住，以利于煤气排出。若安装不当，煤气往往会倒流，造成室内煤气浓度大，甚至导致小鸡煤气中毒。在较大的育雏室内使用煤炉升温育雏时，往往要考虑辅助升温

设备，因为单靠煤炉升温，要达到所需的温度，需消耗较多的煤炭，另外在早春很难达到理想的温度。在具体应用中，用煤炉将室温升高到15℃以上，再考虑使用电热伞或煤气保温伞以及其他辅助加温设备，这样既节省燃料和能源成本，也能预防煤炉熄灭、温度下降而无法及时补偿的缺陷。

③ 电热或煤气保温伞育雏。保温伞可用铁皮、铝皮、木板或纤维板制成，也可用钢筋和耐火布料制成，热源可用电热丝或电热板，也可用石油液化气燃烧供热。伞内附有乙醚膨胀饼和微动开关或电子继电器与水银导电表组成的控温系统。在使用过程中，可按雏鸡不同日龄对温度需要来调整调节器的旋钮。保温伞育雏的优点是：可以人工控制和调节温度，升温较快而平衡，室内清洁，管理较为方便，节省劳力，育雏效果好。问题是要有相当的室温来保证，一般说来，室温应在15℃以上。这样保温伞才有工作和休息的间隔，如果保温伞一直保持运转状态，会烧坏保温伞，缩短使用寿命；另外，如遇停电，在没有一定室温的情况下，温度会急剧下降，影响育雏效果。

通常，中小规模的鸡场中，可采用煤炉维持室温，采用保温伞供给雏鸡所需的温度，炉温高时，室温也较高，保温伞可停止工作；炉温低时，室温相对降低，保温伞自动开启。这样在整个育雏过程中，不会因温差过高或过低而影响雏鸡健康。同时，也可以获得较为理想的饲料报酬。

④ 电热板或电热毯育雏。原理是利用电热加温，小鸡直接在电热板或电热毯上取得热量，电热板和毯配有电子控温系统以调节温度。

⑤ 红外线灯育雏。指用红外线灯发出的热量育雏。市售的红外线灯为250瓦，红外线灯一般悬挂在离地面35~40厘米的高度，在使用中红外线灯的高度应根据具体情况来调节。雏鸡可自由选择离灯较远处或较近处活动。

外线灯育雏的优点是：温度均匀，室内清洁。但是，一般也只作辅助加温，不能单独使用，否则，灯泡易损，耗电量也大，热效果不如保温伞好，成本也较大。一盏红外线灯使用24小时耗电6度，费用昂贵，停电时温度下降快。

⑥ 远红外板育雏。采用远红外板散发的热量来育雏。根据育雏

室面积和育雏温度的需要，选择不同规格的远红外板，安装自动控温装置。使用时，一般悬挂在离地面1米左右。也可直立地面，但四周需用隔网隔开，避免小鸡直接接触而烫伤。每块1000瓦的远红外板的保暖空间可达10.7米^3，其热效果和用电成本优于红外线灯，并且具有其他电热育雏设备共同的优点。

⑦ 地下暖管升温育雏。其方法是在鸡舍建筑时，于育雏室地面下埋入循环管道，管道上铺盖导热材料。管道的循环长度和管道间隔可根据需要进行设计。其热源可用暖气、地热资源或工业废热水循环散热加温。其优点是：热量散发均匀，地面和垫料干燥，几乎所有的雏鸡都有舒适的生活环境，可获得比较理想的育雏效果。如果利用工业废水循环加热，则可节省能源和育雏成本，比较适用于工矿企业的鸡场。

（2）网上育雏 网上育雏是把雏鸡饲养在网床上。网床由网架、网底及四周的围网组成。床架可就地取材，用木、铁、竹、塑料等均可，底网和围网可用网眼大小一般不超过1.2厘米见方的铁丝网、特制的塑料网。网床大小可根据房屋面积及床位安排来决定，一般长200厘米、宽100厘米、高100厘米、底网离地面或炕面50厘米。每床可养雏鸡50~80只。加温方法可采用煤炉、热气管或地下烟道等。

网上育雏的优点是：可节省垫料，鸡粪可落入网下，全部收集和利用，增加效益。此外，由于雏鸡不接触鸡粪和地面，环境卫生能得到较好的改善，减少了球虫病及其他疾病传播的机会。还由于雏鸡不直接接触地面的寒、湿气，降低了发病率，育雏成活率较高。但要注意日粮中营养物质的平衡，满足雏鸡对各种营养物质的需要，达到既节省成本，又提高育雏效果的目的。

（3）雏鸡笼养育雏 笼养育雏的优点是饲养密度大，单位房舍面积养育的雏鸡多，雏鸡不直接与粪便接触，可以较好地预防球虫病，雏鸡成活率高，均匀度好，而且节省能源，管理也较方便。但一次性投资较大。

育雏笼内的热源可用电热管或热水管，也可用地下烟道加温或煤炉加温提高育雏室温度或直接给雏鸡供温。地下烟道加温可使上下层鸡笼的温度差缩小，效果较好。

笼养雏鸡的管理要点如下。

① 育雏早期易出现湿度偏低，应注意增加饮水位置，将饮水器置于距热源较近部位，必要时用热水适当喷洒地面。

② 采用多层重叠育雏笼时，室内不宜放置过多的笼具，以防通风不良。

③ 注意各层笼的温度差异，根据鸡只强弱作相应调整，将弱雏置于温度稍高的笼子。

④ 根据鸡只大小及生长发育状况经常作横向分群，不断调整饲养密度。开始时用尽可能少的笼育雏，10 日龄后逐步分群到其他笼中。

5. 如何选雏与接雏？

（1）雏鸡的选择　小鸡出壳有早有晚，有强有弱。选择有两种方法：一种是按出雏时间早晚分，早孵出的小雏质量较好，晚孵出的较差，特别是最后孵出的所谓"鸡底"，质量最差，不太好养。另一种是按雏的健康情况来分。从外表看，眼大有神，腿干结实，腹部收缩良好，肚脐没有血痕，握在于心里感到饱满有劲、极力想挣脱的体质较强。而弱雏精神不好，反应迟钝、不爱活动、怕冷，常喜欢靠近火源，肚子大而硬、脐部收缩不良，有血痕，抓在手里有松软无力之感。此外，在接雏时如果发现肛门粘满灰白粪，或畸形、病弱的幼雏，就不要接出孵化室，应就地淘汰。

（2）接雏

① 接雏时间。用户向种鸡场或孵化场预购雏鸡，一定要按照场方通知的接雏时间按时到达。为了保证雏鸡的健康和正常的生长发育，在雏鸡绒毛干后尽早启程运输。早春运雏时间应安排在中午前后，夏季运雏应在早晨或傍晚凉爽时进行。

② 运雏工具。运输工具可根据距离远近选用飞机、火车、汽车、轮船等。运输时，必须做到稳、快，以免运输时间加长。装雏工具最好选用专门的雏鸡箱，一般长 60 厘米，宽 45 厘米，高 18 厘米，内分 4 个小格，每个小格放 25 只雏鸡，每箱共放 100 只。箱子四周有

直径为 2 厘米的通气孔若干。没有专用雏鸡箱时，可用厚纸箱、塑料筐等代替。不管采用哪种装雏工具，均应注意密度不宜过大、通气、保温、耐一定压力，并在底部垫 2~3 厘米厚的柔软垫，切不可垫塑料薄膜。冬季和早春运雏要带防寒用具，夏季运雏要带遮阳防雨用具。所有运雏工具在使用前都要严格消毒。

③ 运雏过程中的注意事项。装车时，每行雏鸡箱间和雏鸡箱与雏鸡箱间要留有间隙，并用辅料挤紧，防止雏鸡箱滑动，并避免倾斜。在途中要注意观察雏鸡表现，如发现过热、过凉或通气不良，要及时采取措施，防止因闷、压、凉等造成死亡或继发疾病。汽车运输时，要注意平稳，中途不宜停车时间过长，并要求在雏鸡出壳后 48 小时内到达目的地开食、开水，避免运输时间过长对雏鸡生长发育不利。

运输人员要携带身份证、检疫证、合格证、种畜禽生产经营许可证、路单等有关手续。

6. 如何给雏鸡"开水"？

初生雏鸡第一次饮水称为"初饮""开水"。雏鸡出壳后先开水后开食是育雏的基本原则。一定要在雏鸡充分饮水后有食欲时再进行开食，因为雏鸡出壳后体内还有部分卵黄没有被吸收，对雏鸡的生长发育还有作用，先饮水有利于卵黄的吸收及胎粪的排出。如果进行过长途运输，则运输过程及育雏室的高温环境使雏鸡体内水分丧失过多，先饮水也有助于雏鸡的体力恢复。

开水最好在出壳后 24 小时左右进行。太迟，易造成雏鸡脱水而虚弱，影响育雏效果，太早雏鸡没有饮欲。开水的水温很重要，若直接使用凉水，则易造成雏鸡腹泻。育雏第一周最好使用温开水。在水中加入适量的多维、葡萄糖，如雏鸡在运输过程中应激较大，在饮水中增加电解质，可缓解应激，提高雏鸡的成活率。

给雏鸡开水时，对于不会饮水的雏鸡要调教，轻轻地将雏鸡握于掌内，用食指轻轻按头部，使头朝斜下方，让喙端沾一会儿水（不要让水淹没鼻孔），松开食指，雏鸡便会仰头张开嘴将沾在喙上的水咽下，如此反复数次后雏鸡便学会喝水了（图 4-1）。经过个别调教，其他雏鸡互相模仿，很快都学会饮水了。鸡的开水可以用浅盘（水深3厘米左右）。

图4-1 雏鸡开水调教

一周后可直接使用常温的水，水质要符合国家饮用水标准。随着雏鸡日龄的增加，及时更换饮水器的大小和型号，数量上要满足雏鸡的需要，保证每只雏鸡有2厘米的饮水位置。饮水器每应天清洗1~2次，定期消毒。水要保持清洁，定时更换，不能间断。如有条件可使用自动饮水器，雏鸡随时可以饮水，自动饮水器省水、卫生。雏鸡的饮水量见表4-1。

表4-1 雏鸡饮水量（100只雏鸡）

周龄	饮水量（升/天）	周龄	饮水量（升/天）
1	2.4	4	6.2
2	3.8	5	7.4
3	5.0	6	8.6

7. 如何给雏鸡开食？

给初生雏鸡第一次喂料叫开食。开食要适时，过早雏鸡无食欲，过晚则影响雏鸡的生长发育和成活率。一般于雏鸡出壳后24~36小时，即开水后1~2小时雏鸡有啄食表现时进行。

雏鸡的开食料要求新鲜、营养全价、适口性好、易消化，开食料必须科学配制，营养要能满足雏鸡的生长发育，最好用专用的雏鸡全价开食料，0~4周龄雏鸡日粮营养水平见表4-2。喂用时，将全价料撒在浅边食槽内或反光性强的硬纸、塑料布上，让雏鸡自由啄食。小规模育雏时，也可采用碎玉米粒或小米；为防止营养性腹泻（糊肛），可在饲料中添加少量酵母。开食量要适当，一般蛋用型雏鸡每只5~6克。

表4-2　土鸡0~4周龄饲料营养水平

营养指标	含　量
代谢能（兆焦 / 千克）	12.12
粗蛋白（％）	21.00
赖氨酸（％）	1.05
含硫氨基酸（％）	0.46
钙（％）	1.00
非植酸磷（％）	0.45

少量育雏开食时可直接将开食料洒在牛皮纸或塑料布上，让其自由采食；规模化育雏，用专用的开食盘，把开食料均匀洒在盘中，同时提高光照强度（20~25 勒克斯），雏鸡看到饲料一般会自行采食，对于少数不能自己采食的雏鸡也要人工诱食。开食后要注意检查雏鸡采食情况，检查嗉囊的充盈度，对没有吃足的雏鸡，要单独饲喂。注意少喂勤添，以促进鸡的食欲。

3~7日龄后，逐步过渡到用料槽或料桶饲喂，并保证足够的采食位置。同时饮水要充足，早晚更应防止缺水。开食用具要清洗干净，防止粪便玷污而易暴发白痢、球虫病等疾病。具体工作程序：① 进雏前 1~2 天按育雏数量准备好雏鸡开食料；② 雏鸡进舍前准备好温开水，将葡萄糖、维生素及抗生素混入饮水中，搅匀，分装到小型饮水器中；③ 饮水器均匀分布到育雏舍内；④ 调教雏鸡开水，并观察鸡群饮水情况；⑤ 将雏鸡开食料装入料盘并均匀分布到育雏舍内；⑥ 调教雏鸡开食并观察采食情况；⑦ 检查嗉囊，了解采食量；⑧ 观察雏鸡精神、休息、睡眠情况；⑨ 做好记录。

育雏期建议饲喂全价配合饲料。

8．如何调控育雏室的温度？

能否提供最佳的温度是育雏成败的关键之一。雏鸡体温比成年鸡低 1~3℃，故对低温的耐受能力较差，体温会随环境温度的变化而变化。育雏初期需要温度稍高，随着日龄增加，温度逐渐降低。

温度合适，有利于雏鸡运动、采食和饮水，生长发育也好。温度过高，则雏鸡饮水量增加，采食量下降，容易出现拉稀，使体质变弱，弱鸡增加，并诱发呼吸道疾病和啄癖；温度过低，雏鸡运动减少，体热散发加快，影响增重。因此必须严格控制育雏温度。

育雏温度包括育雏器的温度和育雏室内温度。室温一般低于育雏器温度。育雏器的温度是指鸡背高处的温度值，测量时要距离热源 50 厘米，高于雏鸡头部 2 厘米。用保温伞育雏时，将温度计挂在伞边即可；立体育雏时，将温度计挂在笼内热源区底网上，较高的温度有利于雏鸡体内卵黄的吸收。育雏前 3 天温度可控制在 33~35℃，以后每周下降 2~3℃，直到 18℃脱温；肉鸡的给温与蛋鸡相似，从第五周龄开始维持在 21~23℃即可。不同日龄雏鸡的适宜温度见表4-3。

表 4-3　育雏期的温度　　　　　　　　　（℃）

日　龄	0~3	4~7	8~14	15~21	22~28	29~35	36~42
伞下温度	35~33	33~31	31~29	29~27	27~24	24~21	21~18
舍内温度	28	27	26	24	22	20	18

育雏期间的温度控制除根据雏鸡的日龄调整外，还应遵循如下规律：小群育雏高、大群育雏低；弱雏高、强雏低；夜间高、白天低；阴雨天高、晴天低。温度变化不超过 2℃。

育雏温度是否适宜，一是直接检查温度计，看和要求是否一致；二是根据雏鸡在育雏器内的活动状况调整。温度适宜时，雏鸡活泼好动，羽毛光滑，食欲旺盛，睡觉时伸长头颈，均匀地分布在热源周围；温度过低时，雏鸡围在热源附近，挤成一团，经常发出"唧唧"的尖叫声，并易引起白痢、肺炎和肠胃炎等疾病，甚至造成大批死亡；温度过高时，雏鸡远离热源，张口呼吸，频频饮水；育雏室有贼风袭击时，雏鸡大多密集于远离贼风吹入方向的一侧。不同温度条件下雏鸡的反应见图4-2。

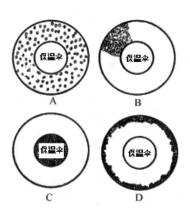

A.适宜　B.贼风　C.太冷　D.太热

图4-2　雏鸡对不同温度反应

9. 如何调节育雏室的湿度？

湿度对雏鸡的影响没有温度那么重要，但如果控制不好，也会导致育雏出现异常。育雏室所需的湿度因周龄而异，1~2周龄为65%~70%，3~4周龄为60%~65%，5~6周龄为55%~60%，可通过温湿度计进行监测。前期育雏室温度高，湿度过低则鸡体水分蒸发过快，雏鸡干渴嗜饮，可使摄食量降低甚至导致脱水。表现为绒毛脆弱易脱落，脚趾干瘪，室内尘土、绒毛飞扬，易诱发呼吸道疾病；育雏后期随着雏鸡的长大，呼吸量和排粪量都会增大，室内水分蒸发量也多了，则湿度也就高了，湿度过高则平养的雏鸡易发生球虫病。

增加舍内湿度，通常采用室内挂湿帘、火炉加热产生水蒸气、地面洒水等方法。在地面洒水调节湿度时，在离地面不远的高度上会形成一层低温高湿的空气层，对平面饲养和立体笼养的雏鸡都极为不利。最好采取向空中和墙壁喷雾的方式提高舍内相对湿度。降低鸡舍湿度的方法，可选择干燥的环境或抬高鸡舍地面；采用离地网状育雏或分层笼养育雏，同时加强通风换气；铺厚垫料，并经常更换。

温度与湿度密切相关，必须综合起来考虑。高温高湿易形成"闷热"；低温高湿则易出现"阴冷"，应引起重视。

10. 育雏期如何调节通风？

雏鸡新陈代谢旺盛，需氧量大，单位体重排出的二氧化碳量约比大家畜高出 2 倍。而且雏鸡排出的粪便经微生物的分解可产生大量的氨气和硫化氢等不良气体。为保证雏鸡的生长和健康，必须调控好空气质量。常采用通风换气的方式来调节空气的质量。但过量的通风又不利于保温。实际工作中，要协调好通风与保温之间的关系。通风换气量要根据雏鸡的日龄、体重、育雏季节及温度变化灵活掌握。为防止舍温降得过低，通风前可提高舍温 1~2℃，通风时不要让气流流向正对鸡群，不要有贼风，通风完毕降到原来的舍温。如果采用机械通风，可根据不同周龄的通风要求进行通风换气（表 4-4）。

	表 4-4　雏鸡舍的受风量	（米^3/ 只·分钟）
周龄	轻型品种	中型品种
2	0.012	0.015
4	0.021	0.029
6	0.032	0.044

11. 如何控制育雏期光照？

光照对雏鸡的影响主要表现在：影响雏鸡的采食、饮水、运动和健康，影响性成熟。光照的主要作用是刺激脑下垂体，促进生殖系统的发育，所以在育雏后期，若每天光照时间过长，小母鸡就会出现过早开产现象，由于此时身体尚未发育成熟，体重过小，导致产蛋小，产蛋高峰持续时间短，并在产蛋过程中易出现脱肛现象。处理不及时还可能导致死亡。

育雏期应遵照以下原则：① 初期较强光照以便雏鸡能正常采食饮水并熟悉环境；② 育雏中后期改用弱光，以免发生啄癖；③ 育雏期内光照时间只能缩短，不能延长；④ 开放式鸡舍与半开放式鸡舍若需补充光照，补充时间不可或长或短，以免导致光刺激紊乱现象；⑤ 在规定的黑暗时间内要防止漏光。

光照强度的控制：① 改变灯泡的瓦数，育雏初期瓦数大些，后期改用瓦数小些的灯泡；② 控制开关数量，通过控制开关灯泡的数量来达到控制光照强度的效果；③ 在育雏舍内安装调压器，通过变压器改变灯泡的亮度达到控制光照强度的目标。

土鸡育雏期光照控制可参照肉用仔鸡的光照控制方法进行。肉用仔鸡 1~2 日龄每天连续 24 小时光照，而后每天 23 小时照明，1 小时黑暗，目的主要是尽可能延长采食时间，促进生长。为了使鸡舍内获得均匀的光照强度，以及节省能源，灯泡的安装应靠近鸡群的活动区域，高度距离地面 2~4 米，灯泡交错安装，功率以 40~60 瓦较好（图 4-3）。

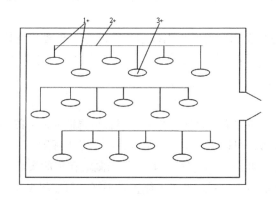

图 4-3　灯具线路上下左右交错示意

1.上下交错的灯线　2.与鸡笼平行走向（棚上）的电线　3.灯具

12. 育雏期如何调整饲养密度?

饲养密度是指育雏室内每平方米地面所容纳的雏鸡数。密度是否恰当,对养好雏鸡、充分利用鸡舍有很大关系。密度过大,室内二氧化碳含量增加,氨味浓,湿度大,影响雏鸡群的均匀度,容易发生啄癖;密度过小,鸡舍利用率低,饲养成本高。蛋用雏鸡的饲养密度见表4-5。

表 4-5　雏鸡适宜的饲养密度　（只/米²）

周龄	地面平养	网上平养	立体笼养
1~2	30	40	60
3~4	25	30	40
5~6	20	25	30

13. 放养鸡用不用断喙?

在放养情况下,由于鸡群的饲养密度小,活动范围大,发生啄癖的现象情况少,且放养时需要用喙去啄食,因此,放养土鸡模式的养殖户一定要谨慎断喙,断喙可能会让消费者认为是圈养鸡而影响鸡的销售价格。

如果为减少啄癖的发生而确定需要断喙,也要严格控制断喙长度,断喙时将雏鸡喙尖在断喙器上轻轻地烙烫,去掉上喙尖钩即可,以保证上市时成鸡喙的完整性。断喙前1天在饮水中加入复合维生素以减少应激。

断喙虽然可以有效地防止啄癖,但会给鸡造成极大的痛苦。为了减轻鸡的痛苦,可以给优质鸡带眼罩,防止发生啄癖。

鸡眼罩又叫鸡眼镜（图4-4）,是用佩戴在鸡的头部遮挡鸡眼正常平视光线的特殊材料。使鸡不能正常平视,只能斜视和看下方,防止饲养在一起的鸡群打架,啄毛、啄肛、啄趾、啄蛋等,降低死亡率,提高养殖效益。可以让土鸡戴着眼镜出售,这样就出现了一种新型的眼镜土鸡,售价相对就可以提高很多。

当土鸡体重达 500 克以后，就开始佩戴鸡眼罩至上市。把鸡固定好，先用一个牙签或金属细针在鸡的鼻孔里用力扎一下并穿透，如有少量出血，可用酒精棉擦拭。左手抓住鸡眼镜突出部分向上，插件先插入鸡眼镜右孔后对准鸡鼻孔，右手用力穿过鸡鼻孔，最后插入镜片左眼，整个安装过程完毕（图 4-5）。

图 4-4 鸡眼罩　　　　　　　图 4-5 给土鸡戴上眼罩

14. 雏鸡如何进行日常管理？

育雏期间，除了要搞好日常温度、湿度、通风、光照、密度等管理外，还要注意以下管理工作。

（1）观察鸡群 每隔 1~2 小时观察一次鸡群，若鸡群挤在一堆则可轻轻拍打育雏器，使小鸡分散，以免压死小鸡。通过喂料的机会观察雏鸡对给料的反应、采食的速度、争抢程度、采食量等，以了解雏鸡的健康情况；每天观察粪便的形状和颜色，以判断饲料的质量和发病的情况；留心观察雏鸡的羽毛状况、眼神、对声音的反应等，通过多方面判断来确定采取何种措施。

发现有严重缺陷的鸡，要随时挑出和淘汰，适时调整和疏散鸡群，注意护理弱雏，提高育雏的质量。

（2）做好记录 认真做好各项记录。每天检查记录的项目有：健康状况、光照、雏鸡分布情况、粪便情况、温度、湿度、死亡、通风、饲料变化、采食量及饮水情况等。

（3）消毒 带鸡消毒在养鸡业中应用广泛，常用的消毒药有氯制剂、碘制剂等。采用喷雾法，高度超过鸡背 20~30 厘米，一般每天

1~2次，可预防疾病和净化舍内空气。同时育雏期的一切工具，都要定时消毒。

（4）雏鸡的免疫　为防止雏鸡各种传染病的发生，应根据种鸡场提供的鸡免疫程序，做好鸡新城疫、传染性法氏囊炎、传染性支气管炎、禽流感、鸡痘等的免疫工作。

①防疫。下列推荐的免疫程序供参考（表4-6）。

表4-6　土鸡育雏期推荐免疫程序

日龄	疫苗	免疫方法
1	马立克氏病疫苗	皮下注射
3~5	鸡传染性支气管炎疫苗	点眼或滴鼻
8~10	新城疫克隆30或Ⅳ系+H120	滴鼻或饮水
13~15	法氏囊B87或法氏囊多价苗	滴鼻或饮水
	鸡痘疫苗	翅部刺种或皮下注射
15~18	禽流感H5+H9二联灭活苗	皮下或肌内注射
23~25	法氏囊B87或法氏囊多价疫苗	滴鼻或饮水
30~35	新城疫克隆30或Ⅳ系+传支H52	滴鼻或饮水
	或新城疫-传支二联灭活苗	皮下或肌内注射
40~45	禽流感H5+H9二联灭活苗	皮下或肌内注射

注：马立克氏病疫苗一般在孵化场内就已经做过

②药物预防。4~21日龄最易发生鸡白痢，从第3日开始在饲料中添加药物预防。预防药物如恩诺沙星、大蒜汁等；15~60日龄易发生鸡球虫病，可用克球粉、氯苯胍、青霉素等，加入饮水中，药物连喂5天后停2天，可继续饲喂。在中后期防治疾病尽可能不用人工合成药物，多采用中药及采取生物防治，以减少和控制鸡肉中的药物残留。

15. 雏鸡低于标准体重的原因有哪些？如何解决？

（1）低于标准体重（体重不达标）的原因

①按照传统的营养标准来设计配方，饲料营养浓度低，满足不了雏鸡营养需要，雏鸡生长慢。主要问题有：现在配制的饲粮使用了

较多的非常规饲料原料，饲粮营养物质利用效率降低（如鱼粉的总必需氨基酸真消化比率是87.5%，而棉粕只有79.6%）。

育雏阶段断喙、转群、免疫接种等生产程序增多，应激反应严重，会消耗较多的营养物质，用于生长的营养物质相对减少。

许多小型饲料厂和养殖户饲料加工设备简陋，缺乏必要检测设备，不清楚使用的饲料原料营养含量，据经验盲目配制饲粮，生产出的雏鸡饲粮营养成分不全面、不平衡，不仅影响雏鸡对营养物质的消化利用，而且给幼雏鸡消化代谢增加负担，影响生长发育。

② 饲养管理不善。雏鸡开食过晚、饲喂不好影响雏鸡生长。雏鸡不吃不喝虽能维持多天，但饮水开食过晚会严重影响雏鸡学会采食和饮水，造成雏鸡脱水。雏鸡出壳后仍有7~8克卵黄留在腹腔中供给雏鸡营养，如能及早开食，供给营养，这样双重的营养供给，非常有利于雏鸡生长发育，雏鸡长得快。如果开食晚，饲喂不好或喂料量不足，腹中卵黄过早耗尽；营养物质供应不充足，生长减缓，环境温度不适宜，光线不均匀或过弱，饲喂用具不适宜等也会影响雏鸡采食和饮水而影响生长。

③ 应激严重。育雏期断喙、转群和多次免疫接种等生产程序，都是较强的应激源，使鸡群出现严重应激反应，影响正常生长。如断喙后1~2周雏鸡体重会减轻。有的鸡群发生疾病，更会影响鸡群生长发育。

（2）措施

① 保证营养供给。雏鸡消化道容积小，消化机能差，生长速度快，必须供给营养全面充足、易于消化吸收的优质饲粮，满足营养需要，促进生长。配制育雏期饲粮时，应以育种厂家推荐的营养标准为依据，保持较高的营养浓度。选用鱼粉、豆粕、花生粕等易于消化吸收的优质原料，适当添加人工合成的氨基酸和酶制剂。养殖户也可选购幼雏专用料或肉用仔鸡前期料，饲喂2~3周后换上一般雏鸡料，效果良好。

② 科学饲养管理。

③ 减缓应激。育雏期间在水中或饲料里加入抗应激剂和营养剂，缓解应激，促进生长。育雏前3天，每百千克水中加入维生素C 4克

（或速溶多维 100 克）和白糖 3 000 克，缓解运输疲劳，增加热量，提高适应力。断喙、转群、免疫接种的前后 3 天内在饮水中加入速溶多维（100 克／100 千克水）。断喙时要在料中加入维生素 K_3，避免出血，断喙后料槽内的料要达到一定厚度，避免槽底刺激鸡啄疼痛而影响采食。

④ 做好疾病防治工作。搞好育雏舍的隔离、卫生、消毒工作，保持育雏舍清洁卫生。做好鸡白痢和球虫病的预防工作，据本地区和本场鸡群实际情况制订科学免疫程序，进行确切免疫接种，避免疾病发生。

第五章　土鸡生态放养技术

1. 土鸡育成期有哪些生理特点?

放养蛋用雏鸡 7~21 周龄是育成期阶段。育成期饲养管理的好坏,决定了鸡在性成熟后的体质、产蛋性能和种用价值。

育成期仍处于生长迅速、发育旺盛的时期,机体各系统的机能基本发育健全;羽毛已经丰满,已经长出成羽,具备了体温自体调节能力;消化能力日趋健全,食欲旺盛;钙、磷的吸收能力不断提高,骨骼发育处于旺盛时期,此时肌肉发育最快;脂肪的沉积能力随着日龄的增长而增大,必须密切注意,否则鸡体过肥,对以后的产蛋量和蛋壳质量有极大的影响;体重的增长随日龄的增加而逐渐下降,但育成期仍然增重幅度最大;小母鸡从第 11 周龄起,卵巢滤泡逐渐积累营养物质,滤泡渐渐增大;18 周龄以后性器官发育迅速。由于 12 周龄以后性器官发育快,对光照时间的反应敏感,不限制光照,将会出现过早产蛋等情况。

2. 土雏鸡如何脱温?

脱温或称离温,是指停止保温,使雏鸡在自然的室温条件下生活。土雏鸡随着日龄的增长,采食量增大,体重增加,体温调节机能逐渐完善,抗寒能力较强,或育雏期气温较高,已达到育雏所要求的温度时,此时要考虑脱温。

脱温时间,春雏一般 30~45 日龄,夏雏和秋雏脱温时间较早,冬雏 50~60 日龄。脱温时间的早、晚因气温高低、雏鸡品种、健康状况、生长速度快慢等不同而定,脱温时间要灵活掌握。如冬雏往往已到脱温日龄,但室内外温度较低、昼夜温差较大,或者雏鸡体弱多病,要延迟脱温。脱温工作要有计划逐渐进行,开始时白天停温,晚上仍然供温，或气温适宜时停温，气温低时供温，经1周左右，当雏鸡已习惯于自然温度时，才完全停止供温。

在养鸡实践中常遇到，特别是冬雏，当脱温后不久，气候突变冷空气袭击，此时仍要适当供温。因此，雏鸡脱温的时候，仍要注意天气的变化和雏鸡的活动状态，采取相应的措施，防止因温度降低而造成损失。

3. 土雏鸡脱温后的一般饲养管理措施有哪些?

从第6周开始，应根据当地气温变化情况，训练鸡脱温，先白天不给温，只在夜间给温，晴天不给温，阴天气温偏低时给温，然后逐渐减少每天给温次数，最后完全脱温。土鸡脱温后的饲养阶段为43~120日龄，这一阶段应做好几方面的工作。

（1）准备放养棚舍　放牧鸡的地方必须有采食的饲料资源，也就是昆虫、饲草、野菜、草籽等。也可以选择使用山地、坡地、林果地、农田、荒地、草场及草山、草坡、河湖滩涂和经济林地等地方，要求不严格。最好是地势平坦或者缓坡，背风向阳的地方。放牧饲养时，每亩土地可以饲养鸡200~300只。有条件的地方可以轮换放牧，这样有利于资源的可持续利用，提高经济效益。搭建棚舍的技术要求不严格，尽量选择坐北朝南的地方，高度两米以上，跨度4~5米，能够做到避风、遮雨、遮蔽阳光照射，有利于防止鼠害即可。建筑材料可以因地制宜，简易板房，也可搭建塑料大棚，北方黄土高原地区可依山势建土窑洞，供鸡晚上休息所用。

（2）设置栖架　放养土鸡有登高栖息的习性，需要设置栖架，栖架由数根栖木组成，栖木大小应视鸡舍内鸡数而定。每只鸡占有栖木长度因品种不同稍有差异，一般17~20厘米。整个栖架为阶梯状，前低后高，栖架离地面高度一般50~70厘米，最里边一根栖木距墙30厘米。每根栖木之间的距离应不少于30厘米。每根栖木横断面为2.5厘米×4厘米；上部表面应制成半圆形，以利于鸡趾抓住栖木。栖架应定期洗涤消毒，防止形成"粪钉"，影响鸡栖息或造成趾痛。

（3）训练鸡上栖架　鸡群夜间回到舍后，为避免夜间鸡群归舍后挤压、受潮、受惊应调教鸡上栖架，应设置坡式上架或梯子引导鸡只上架，如果鸡不能自动上架，饲养员应在夜间把鸡抱上架，训导鸡只形成归舍后尽量全部上架的习惯。

（4）加强调教　放养鸡可以自由活动、采食，给饲养管理工作带来了一定的困难。因此，放养土鸡，从小就要调教，养成良好的条件反射，以便于管理。调教是指在特定环境下给予特殊指令或信号，使鸡逐渐形成条件反射或产生习惯性行为。

喂料饮水的调教：从育雏期开始，每次喂料时给鸡群相同的信号（如吹哨、敲打料盆等），使其形成条件反射（图5-1）。放养后通过该信号指挥鸡群回舍、饲喂、饮水等活动。坚持放养定人，喂料、饮水定时、定点，逐渐调教，形成白天野外采食，晚上返回鸡舍补饲、饮水、休息的习惯。

图5-1　放养鸡听到饲养员吹哨信号后，回到固定点吃料、饮水

放牧调教：放养前一天下午或傍晚一次性把雏鸡转入放养地鸡舍，第2天早晨天亮后不要马上放鸡，要让鸡在鸡舍内停留较长的一段时间，以便熟悉新环境。等到上午9点以后再放出喂料。饲槽放在离鸡舍1~5米远的地方，让鸡自由觅食。开始几天，每天放养时间要短，以后逐日增加放养时间，并设围栏限制活动范围，然后再不断扩大放养面积。

4. 放养前如何做好准备工作?

（1）检查放养地点　查看围栏是否有漏洞，如有漏洞应及时修补，减少鼠害、蛇等天敌的侵袭造成鸡的损失，在放养地搭建固定式鸡舍或安置移动式鸡舍，以便鸡群在雨天和夜晚的歇息。在放养前，灭一次鼠，但应注意使用的药物，以免毒死鸡。

平整、夯实鸡棚下地面，然后喷洒生石灰水等消毒。垫草要求无污染、无霉变、松软、干燥、吸水力强以及长短适宜，可选择锯末、刨花、谷壳和干树叶等。每 100 只鸡需要一个 8 千克的塑料饮水器。饲槽按每只鸡 3 厘米采食宽度设置，也可选择塑料料桶。开始放养的一段时间内，鸡仍以采食饲料为主，以后逐步转为以觅食为主，所以应备足饲料。

（2）鸡群筛选　筛选拟放养的鸡群，淘汰病弱、残疾鸡和体弱鸡只。

（3）强化训练　雏鸡在育雏期即调教训练，育雏期在投料时以口哨声或敲击声进行适应性训练。放养开始时强化调教训练，在放养初期，饲养员边吹哨或敲盆边抛撒饲料，让鸡跟随采食；傍晚，再采用相同的方法，训练归巢，使鸡产生条件反射形成习惯性行为，通过适应性锻炼，让鸡群适应环境，放养时间根据鸡对放养环境的适应情况逐渐延长。

5. 放养场地的养殖密度如何确定?

放养应坚持"宜稀不宜密"的原则。根据林地、果园、草场、农田等不同生态饲养环境条件，其放养的适宜规模和密度也有所不同。各种类型的放养场地均应采用全进全出制，一般一年饲养 2 批次，根据土壤畜禽粪尿（氮元素）承载能力及生态平衡，在不施加化肥的情况下，不同放养场地养殖密度分别如下。

阔叶林：承载能力为 134 只 / 亩 / 年，每年饲养 2 批，密度为不超过 67 只 / 亩。

针叶林：承载能力为 60 只 / 亩 / 年，每年饲养 2 批，密度为不超过 30 只 / 亩。

竹林：承载能力为 130 只 / 亩 / 年，每年饲养 2 批，密度为不超过 65 只 / 亩。

果园：承载能力为 88 只 / 亩 / 年，每年饲养 2 批，密度为不超过 44 只 / 亩。

草地：承载能力为 50 只 / 亩 / 年，每年饲养 2 批，密度为不超过 25 只 / 亩。

山坡、灌木丛：承载能力为 80 只 / 亩 / 年，每年饲养 2 批，密度为不超过 40 只 / 亩。

一般，耕地不适宜放养鸡饲养，在施加畜禽粪尿时，每亩土地每年不超过 123 只肉鸡的粪便。

6. 育成鸡怎样放养?

育成期的鸡生长速度快，食欲旺盛，采食量不断增加。饲养目的是使鸡得到充分的发育，为后期的育肥打下基础。这个时期，土鸡的饲养方式一般是放牧结合补饲。

（1）公母鸡分群饲养　雏鸡脱温后已经进行过分群。

（2）适时放牧　放养前做好信号训练，以哨音为信号，在吹哨的同时给予饲料，让鸡采食，经一周的训练，当鸡听到哨音就可立刻回到饲养员身旁，以保证及时收拢鸡群。加强鸡群看护，防止暴雨、兽害等意外事故的发生。春天至晚秋放养时，应选择无风的晴天。放养的头几天，每天放 2~4 个小时，以后逐渐延长时间鸡放养不宜太远，一般活动范围控制在半径 8~100 米范围以内。实行分区轮牧，将一定面积的草场划分为几个放牧小区，用 1.5 米高的尼龙网或篱笆相互分隔，每个小区内采用满天星队形放养。合理组织鸡群，强弱分群放养，每群以 250~300 只为好，鸡群不宜过大。一般根据山地草场类型和牧草的数量与质量而定，放养密度每亩草地 250~300 只。

（3）科学补饲　鸡野外自由觅食的自然营养物质，远远不能满足鸡生长的需要。应根据鸡的日龄、生长发育、林地草地类型、天气情况决定人工喂料次数、时间、营养及喂料量。放养早期多采用营养全面的饲料，以保障鸡群的健康生长。

根据牧地青草生长及营养状况，给鸡群用料桶或食槽科学补饲，颗粒料可以直接撒在地面上补饲。第1~3周，早、中、晚各喂1次，3~4月龄开始早晚各1次。定时定量补饲饲料要根据不同的日龄段，使用全价颗粒料。补饲要定时定量，这样可增强鸡的条件反射。夏秋季可少补，春冬季可多补一些。喂料量随着鸡龄增加，30~60日龄每只鸡补精料25克左右，3~4月龄30~35克，5~6月龄40~45克，7~8月龄50~55克，日补2次，早晨傍晚各1次。

7. 育成土鸡怎样管理？

（1）加强鸡只管理　雏鸡脱温后转入成鸡舍，要及时训练鸡只全部上架栖息。尽量减少干扰，保持环境安静。

（2）转群管理　转群是土鸡饲养过程中的重要一环，由于转群本身和鸡对新环境的适应都能产生应激反应，为将此应激降低到最低限度，转群必须做好以下工作。

① 转群前充分准备。饲管人员事先要了解所转入鸡舍的情况，如：疾病发生情况、免疫情况，做到心中有数，为转群后作准备。对所要转入鸡舍和设备进行维修，清洗鸡舍，于转群前1周进行彻底熏蒸消毒，同时调整转入鸡舍的料槽、水槽位置，备好饲料和饮水。

需要转舍的鸡应在原舍内事先带鸡消毒，前3天，饲料中添加各种维生素1~2倍和饮电解质溶液，转群前4~6小时应停料。若转群距离较远，应备好运输工具并做好消毒。

从育雏舍转到育成舍，尽量减少两舍间温差，尤其冬季或早春应在育成舍内备好取暖设备，使温度达到15℃左右。

② 科学转群。一般雏鸡在7周龄应及时转入育成鸡舍，到17~18周龄转入产蛋鸡舍，最迟须在18周龄前转入产蛋鸡舍。转群时间夏天选择凉快的晚上或清晨，冬季选择暖和中午，春秋避开雨天。为使鸡只有足够的时间采食和饮水，转群当天24小时光照。为了防止转群人员带来交叉感染，人员最好分三组，即抓鸡组、运鸡组、接鸡组。抓鸡时必须轻拿轻放，专抓鸡腿，不允许抓颈、尾部。装鸡运输箱每平方米鸡密度为：6周龄15~20只，17~18周龄8~10只。转群时特别注意不能与断喙、免疫同时进行，防止额外应激反应。

③ 及时清理整群。结合转群对鸡群进行清理和选择，选择时尽量把体重相似的鸡放在一个笼内，并淘汰不合标准的劣质鸡如跛腿、瞎眼、病弱、残次、体重过大过小和异性鸡。将强壮、胆大、性能暴烈，体质相似的鸡组合成一群，把弱小、胆小、性情温顺的鸡组合成一群，最后彻底清点鸡数。

④ 转群后的饲养管理。转群后 3 天内，饲料中应加喂各种维生素 1~2 倍量和饮电解质溶液，如强力多维素或维生素保健粉等。饲管中要做到：

注意观察鸡饮水情况：夏天用清洁的凉开水，冬天最好用温水。对体形较小鸡虽能吃到食，但饮不到水，应调换笼位和降低水槽，确保鸡充足饮水。

防惊飞：保持场内安静，避免噪声污染。饲喂动作要轻、慢，外人不得入鸡舍，饲养人员固定，喂食、清扫、消毒准时进行，防止鸡只因环境变化发生惊群、惊飞而撞伤或撞死。

要加强检查、巡视。

预防恶癖：在日粮中添加 1% 石膏粉，给予弱鸡群特殊照顾，以减少和杜绝恶癖发生，促进较弱鸡的生长发育。

正确换料：给青年鸡换料，如果急于一次性完成换料，会因钙和粗蛋白质的成分突然增高，特别是蛋白质增高，饮水量增加，鸡的机体因消化吸收不良而引起拉稀。因此，给青年鸡换料，饲料含钙 1% 左右，粗蛋白质 15.5% 左右。饲料转换要逐渐过渡，第一天育雏料和生长期料对半，第二天育雏期料减至 40%，第三天育雏料减至 20%，第四天全部用生长期料。每次换料必须经过过渡饲喂。

科学免疫：按照免疫程序，备好所需疫苗，待转群稳定后适时接种，最好在开产前 10 天完成各种免疫接种，防止开产后免疫对鸡产蛋的影响。

（3）驱虫　一般放牧 20~30 天，就要进行第 1 次驱虫，相隔 20~30 天第 2 次驱虫。主要是驱除体内寄生虫，如蛔虫、绦虫等。可使用驱虫灵、左旋咪唑或丙硫苯咪唑。第 1 次驱虫，每只鸡用驱蛔灵半片，第 2 次驱虫，每只鸡用驱蛔灵 1 片。可在晚上直接口服或把药片磨成粉，与饲料拌匀喂饲。一定要仔细将药物与饲料拌得均匀，否则易产生药物中毒。第 2 天早上要检查鸡粪，看是否有虫体排出。并要把鸡粪清除干净，以防鸡只食虫体。如发现鸡粪里有成虫，次日晚上可以同等药量再驱虫 1 次。

（4）严防中毒　果园内放养时，果园喷过杀虫药和施用过化肥后，需间隔 7 天以上才可放养，雨天可停 5 天左右。刚放养时最好用尼龙网或竹篱笆圈定放养范围，以防鸡到处乱窜，采食到喷过杀虫药的果叶和被污染的青草等，鸡场应常备解磷定、阿托品等解毒药物，以防不测。

8. 土鸡育成期的日常观察包括哪些内容？

在育成期阶段，搞好鸡群饲养管理的同时，必须经常查看鸡群的健康状况，以便及时发现问题，采取措施，确保鸡群的健康。

（1）观察鸡冠及肉垂颜色　鸡冠及肉垂颜色是鸡只健康与否的重要标志：鲜红色是健康鸡的正常颜色；白色，标明机体消耗过大，一般为营养不良的休产鸡；黄色，是机能障碍或患有寄生虫病的表现；紫色，通常是患鸡痘、禽霍乱的病鸡；黑色，一般患有马立克氏病、鸡痘或冻伤所致。

（2）观察羽毛状况　鸡周身掉毛，但舍内未见羽毛，说明被其他鸡吃掉，这时机体内缺硫所致，应采取补硫措施。鸡在换羽结束、开产前及开产初期羽毛光亮，如果此期不光亮是由于缺乏胆固醇，要补喂一些含胆固醇高的饲料。产蛋后期羽毛不光亮、污浊无光或背部掉毛的为高产鸡。

（3）观察食欲情况　食欲旺盛，说明鸡生理状况正常，健康无病。减食，一般是由饲料突然改变、饲养员变更、鸡群受惊等因素所致。不食表明鸡处于重病状态。异食，说明饲料营养不全，特别是矿物质及微量元素不足。挑食，是由于饲料搭配不当、适口性差所致。

（4）观察鸡群状态　健康鸡群表现为精神活泼，反应灵敏。部分鸡精神沉郁、离群闭目呆立、羽毛蓬乱、翅膀下垂、呼吸有声等是发病的预兆或处于发病初期。大部分鸡精神委顿，说明有严重疫病出现，应尽快诊治。

（5）观察肛门污浊　鸡在产蛋期，肛门周围大都有粪便污染的痕迹。停产期及不产蛋鸡的肛门清洁，腹部羽毛丰满光滑。若肛门周围有黄色，绿色粪便或有黏液附着，并伴有其他异常表现，则表明鸡患有疾病。

（6）观察粪便颜色、形态及气味

① 鸡粪便正常情况。健康鸡粪便正常颜色呈灰色，不软不硬，堆状或粗条状，表面覆盖少量白色尿酸盐。其量的多少可以衡量饲料中蛋白质含量的高低级吸收水平。茶褐色粘便是由盲肠排出的正常粪便。

② 异常粪便。褐色稠粪也属于正常粪便，其恶臭的气味是由于鸡粪在盲肠内停留时间较长所致；红色、棕红色稀粪，说明肠道内有血，可能患有白痢杆菌病或球虫病；黏液状的患有卵巢炎、腹膜炎，这种鸡已没有生产价值，应尽快淘汰；黄绿色或黄白色附有黏液、血液等恶臭稀粪，说明有胆汁排到肠道内，多见于新城疫、禽霍乱、伤寒等急性传染病，发现后应立即隔离，全面诊断予以淘汰；白色糊状或石灰浆样的稀粪，多见于雏鸡白痢杆菌病、传染性法氏囊病等，发现后立即隔离，全面诊断予以淘汰。

9. 育肥期的饲养管理要点有哪些？

放养肉用土鸡从 12 周龄至上市的时期是育肥期。此期的饲养要点是促进鸡体内脂肪的沉积，增加肥度，改善肉质和羽毛的光滑度，适时上市。在饲养管理上应注意以下几点：

（1）调整饲料　随着鸡的日龄增长，体内增长的主要组织与中鸡阶段有很大差别。鸡沉积适度的脂肪可改善土鸡的肉质，提高胴体外观的美感。此期一般应提高日粮的代谢能，相对降低蛋白质含量，鸡育肥期的能量一般要求达到每千克 12.54 兆焦，粗蛋白在 15% 左右即可。为了达到这个水平，往往需增加动物性脂肪。

（2）适当减少活动　采用放牧育肥的，一方面可以让鸡采食大自然的昆虫及树叶、杂草等节约饲料；另一方面，提高鸡的肉质风味，使上市鸡的外观和肉质更好。在进入育肥期，应减少鸡的活动范围和运动，以利于育肥。

（3）搞好防疫　严格执行消毒程序，鸡舍周围，每 2~3 周消毒一次，放鸡的周围及场内污水池、排粪坑、下水道出口，每1~2个月消毒一次，必要时及时机械性处理垃圾。定期对饮水器、料槽清洗消毒。重视杀虫、灭鼠工作，预防疾病发生。

① 仔细观察生长状况。在育成鸡的饲养过程中，应当注意育成鸡的生长状况，注意观察。

② 适时分群。随着鸡群日龄的增大，鸡的密度也就越来越大，就要及时地分群，分群后可以通过调整投料量来调节。在鸡群中总会出现一些瘦弱的个体，育成期间一定要勤观察，勤调整，及时挑出个体弱小的鸡群进行集中饲养，使其尽快达到标准体重。

③ 控制密度。密度对育成鸡的生长发育有着重大影响。密度过大，鸡的活动受到限制，空气污浊，湿度增加，垫料增多，导致鸡只生长缓慢，群体整齐度差，易感染疾病，死亡率升高，且易发生鸡相互残杀，啄肛、啄羽等恶癖。饲养密度应为每平方米2~4只。

④ 饲喂。青年鸡营养要求与雏鸡有较大区别，必须重视饲料日粮的配合。日粮中各种营养成分的含量都要低些，尤其是粗蛋白和能量的水平要随着鸡体重的增加而减少，否则，鸡会大量积聚脂肪，引起过肥影响今后产蛋量。粗蛋白可从16%逐步减少至14%左右，可适当加大麸皮或各类饲料的喂量，特别要注意补充维生素和矿物质，每次更换饲料时不能一次突然改变，应有一周左右的过渡期逐步更换。

（4）适时上市 为增加鸡肉的口感和风味，应适当延长饲养周期，控制出栏时间，一般应在120天以后。特别地需要根据市场行情及售价，适当缩短或者延长上市时间。

10. 产蛋前期的饲养管理（21~24周龄）应注意什么？

（1）设置产蛋箱 在鸡开产前2周准备好产蛋箱（图5-2）。鸡喜欢在安静、黑暗的地方产蛋，所以产蛋箱要放在较为僻静的地方。高产蛋鸡的产蛋时间一般比较集中，产蛋箱如果不够，鸡就会到处下蛋。每4只鸡配1个产蛋箱，诱使鸡在产蛋箱内产蛋，并使其养成习惯。可以做成双层产蛋箱，也可以用砖沿山墙两侧砌成35厘米^{3}的格状，窝中铺上干净麦秸或稻草，勤换勤添。及时收集产蛋箱内的鸡蛋，晚上关闭产蛋箱，避免母鸡在内过夜。脏鸡蛋用干净的软布擦干净，不可水洗。如果光线太亮，产蛋箱要用黑布遮阳避光。

图5-2　鸡产蛋箱

（2）补充光照　一般产蛋高峰期每天光照时间需维持16小时，当每天的自然光照时间不足16小时，就需要每天补充人工光照。放养鸡采取晚上补光比较好，直到每天的光照时间达到16小时为止。光照时间一经固定下来，就不要轻易改变。面积16米²的鸡舍安装一个40瓦的灯泡可以满足需要。

（3）补料　产蛋开始前2周把饲料换成产蛋初期日粮，使鸡群有充足的时间储备能量、蛋白质和钙质。放养鸡的活动量大，消耗的营养较多，而获取的营养较少，因而产蛋率较笼养鸡低5%~10%。为了获得较高的产蛋率，放养蛋鸡开产后要提供充足的饲料，一般每天

图5-3　补料

补饲两次，产蛋初期每只鸡日补料 50~55 克，产蛋高峰期日补料 90 克为宜（图 5-3）。早晨开始开灯补光时加料 1 次，补充 1/3 料量，晚上鸡回来后再补饲 1 次，补充 2/3 料量，不足的让鸡只在环境中去采食虫草弥补。蛋鸡采食不足，影响卵泡发育，产蛋后体重下降，导致后期产蛋率低。

在放养鸡舍内或鸡舍外设置料桶，1 个直径 40 厘米的料桶可供 20 只鸡同时采食。料桶用绳子或铁丝吊起来，防止鸡晚上到上面栖息。

（4）补水　每天给鸡只定时饮水 3~4 次。防止水溢出污染舍内环境。每天刷洗水槽，让鸡只饮到清洁卫生的水。

11. 产蛋高峰期的饲养管理（25~50 周龄）要点有哪些?

（1）提供优质饲料　此期母鸡代谢旺盛、效益转化高，如果母鸡只喂稻谷、玉米，土壤中矿物质含量少，就会缺乏蛋白质、钙和磷，不能满足需求，产蛋率仅能达到正常产蛋的 30%，且蛋重比正常营养供应鸡的蛋轻 30%~50%，因此，应按产蛋鸡饲养标准供给营养，即将产蛋初期饲料更换为产蛋高峰期料，保证日粮营养全面，加禽用维生素。放养蛋鸡适量加入少量蝇蛆、黄粉虫、蚯蚓，可以改善日粮的营养价值，提高产蛋率，还能使蛋黄颜色变深，无腥臭味，更能卖高价。

（2）创造稳定的产蛋环境　夏季防暑降温，尽量让鸡在早晚凉爽时间活动或补饲，冬季保温保暖，白天温度较高时放养。切忌各种应激，不要随意投药和免疫，定时开关灯，定时补料，定时拣蛋，避免惊吓鸡群，防止野兽、飞禽的出现。

（3）保证光照时间　蛋鸡到秋后产蛋减少，冬天不下蛋，就是由于夏至后光照时间变短。因此要保证长期恒定下蛋，应保证每天 16 小时恒定的光照时间，每天早晨开灯，天亮后关灯，天黑前开灯，晚上关灯，一般是每平方米 1~2 瓦，灯泡在鸡舍要分布均匀，以人能看清鸡舍各个位置地面上的字为准。

（4）拣蛋　多数鸡在上午产蛋，在产蛋高峰期上午集蛋 3 次，下午集蛋 1 次，将脏蛋单独放置。一旦发现就巢母鸡在产蛋窝内，要及时处理，让鸡尽快离巢。

（5）疫病防治　放养鸡病防治重点是鸡新城疫、禽流感、传染性支气管炎、鸡痘和球虫病。平时做好消毒工作，每周带鸡消毒1~2次，可以有效地防止细菌、病毒性疾病的传播。搞好疫苗接种可以预防多种传染病，免疫抗体水平监测是衡量免疫效果最有效的办法。鸡群免疫后出现短暂的产蛋下降是正常的应激反应，很快便会恢复。使用无残留的药物预防疾病，如中草药和微生态制剂等。注意预防季节性疾病，如天气剧烈变化时应预防传染性支气管炎，冬季预防禽流感，夏季预防好鸡痘，定期驱虫。

12. 如何处置抱窝鸡？

春末夏秋时节，放养土鸡容易出现抱窝，要引起注意。应增加拣蛋的次数，拣净新产的鸡蛋，做到当日蛋不留在产蛋窝内过夜。实践中也有狗领捡蛋法，狗从小用鸡蛋喂养，长大后对鸡蛋有特殊的嗅觉，据此，饲养员可牵着狗捡鸡蛋。此法仅可作为生态放养蛋鸡捡蛋的一种补充。

因为幽暗环境和产蛋窝内积蛋不取，可诱发母鸡抱窝性。一旦发现就巢鸡应及时采取措施，促使母鸡快速醒抱。

（1）改变环境醒抱法　当发现母鸡抱窝，可在傍晚鸡群入舍前，及时将其放在光线明亮有公鸡但无产蛋箱（产蛋箱遮盖上）的鸡舍中，不让母鸡在产蛋箱内过夜。赖抱鸡（母鸡产蛋到一定的数量后就"打抱"，也称"赖抱""抱窝"）在改变环境的刺激下，又不得安宁，会很快醒抱。将抱窝母鸡用水浸湿羽毛，经过几天后母鸡也会停止抱窝。吊在光亮的地方，使其不能长期伏卧，这样很快的醒抱。同时供给充足的饲料与饮水，让其自由采食。最好在饲料中添加适量的维生素。

① 光亮通风。将抱窝的鸡抓出隔离，白天把抱窝母鸡放在光亮的地方，使它抱不成窝；晚上也一直开着灯；把鸡笼挂在通风的地方，使鸡体温降低，可以抑制催乳激素的产生和就巢行为的出现。

② 换位。把抱窝鸡换入新鸡群内，由于生活环境改变，鸡群改变，对抱窝鸡也是一种刺激，可促使其醒抱。

（2）笼子关养　将抱窝鸡关入装有食槽、水槽、底网倾斜度较大的鸡笼内，放在光线充足、通风良好的地方，保证鸡能正常饮水和吃料，使其在里面不能蹲伏，5天后即可醒抱。

（3）灌服食醋　给抱窝鸡于早晨空腹时灌服食醋5~10毫升，隔1小时灌一次，连灌3次，2~3天即可醒抱。

（4）化学药物法

① 喂去痛片。在鸡开始抱窝的第1天晚上，喂1片去痛片，第二天再喂1片，到第3天时如只是"咕咕"叫而不抱窝，即可停止服用药，如第3天仍在抱窝，可再加服1片，一般连喂2~3天即可醒抱。

② 口服阿司匹林。让母鸡在抱窝初期口服阿司匹林1片，每天2次，连服3天，即可醒抱。

③ 注射硫酸铜溶液。每只抱窝鸡肌内注射20%硫酸铜溶液1毫升，每日1次，连注4~5天，促使其脑垂体前叶分泌激素，增强卵巢活动而不再抱窝。

（5）激素注射法

① 丙酸睾丸素注射液（每毫升含10、25、50毫克）。是一种很好的醒抱药。鸡体重在1~2千克用12.5毫克，2~3千克用25毫克，肌内注射后1~2天，抱窝鸡就能很快离巢，并能很快恢复产蛋。对于已抱窝数日的母鸡，应用其他方法往往收效较差，但若用丙酸睾丸素注射1~2次后，亦常有效。若用量不足，则效果差，甚至1~2天后重新就巢。这时可补加剂量，作第2次注射，若用量过大，除醒抱外，母鸡会出现雄性反应，出现鸣叫和类似公鸡的行为表现，不过2~4天后即自行消失。

② 注射三合激素。即丙酸睾丸素、黄体酮、苯甲酸雌二醇配合而成的油溶性针剂。每只抱窝鸡胸部肌内注射0.5~1毫升。若效果不明显，隔3天第2次注射，一般醒抱后2~3周，可恢复产蛋。应当注意如果应用此法不当，会影响受精率和产蛋率。

13. 产蛋后期的饲养管理（51~72 周龄）要点有哪些?

（1）调整饲料营养水平　此期产蛋率呈下降趋势，蛋壳变薄，需要更换为产蛋末期饲料，以降低成本。避免母鸡采食量过低造成的失重，维持蛋鸡的体重和蛋重，尽可能延缓产蛋高峰下降的速度。

（2）淘汰低产和停产母鸡

① 外貌鉴别。高产鸡冠和肉垂丰满、鲜红，有温暖感，肛门大而扁、湿润。低产鸡或停产鸡鸡冠萎缩，颜色苍白，无温暖感，肛门小而圆、干燥。

② 体貌特征鉴别。高产鸡外形发育良好，体质健壮，头宽深而短，喙短粗微弯曲，结实有力。低产鸡一般头部窄而长，似乌鸦头，喙细长，眼睛凹下，身体狭窄，腹部紧缩。同时，高产鸡开始换羽时间较晚，而低产鸡换羽时间较早。

③ 手指触摸估测。高产鸡腹大柔软，皮肤松弛，耻骨与胸骨末端之间可容下 3~4 指。低产鸡或停产鸡腹部紧缩，小而硬，胸骨末端与耻骨距离 2~3 指，两个耻骨间距小，仅容 1~2 指。

（3）强制换羽　自然条件下，母鸡每年秋季换羽，从开始到换羽结束，约需 16 周，换羽时间长，母鸡停产，管理困难。进入产蛋后期，当产蛋率下降、蛋价行情不好、或为降低引种和培育成本时，可以人工强制换羽，以缩短自然换羽的时间，延长产蛋鸡的利用年限，改善蛋壳质量。

① 畜牧学法。通过断水、断料、减少光照等人为应激因素，使鸡体内激素分泌失去平衡，促使卵泡萎缩，引发停产与换羽。母鸡生殖器官经过一段时间休息，积累营养，重新开产。

具体做法为：准备换羽前 1 周，淘汰病弱鸡、低产鸡和换羽鸡，接种疫苗。换羽开始后，同时停水停料两天（夏天高温停水一天），第三天开始恢复供水。断料天数在 7~12 天，当有 80% 的鸡体重下降了 25%~30% 时，可以恢复供料。开始 1~3 天，每天每只仅喂 10 克料，第 4 天和第 5 天每天每只喂 20 克料，以后每天增加 15 克料，一直恢复到正常采食为止。开始喂育成鸡料，当鸡产蛋后，换为产蛋料。光照也同时改变，停水停料第 1 天光照 16 小时，第 2 天 14 小时，第 3~39 天每天 8 小时，第 40 天开始，每天增加光照 20 分钟，直至每天光照 16 小时时为止。

② 化学法。在母鸡日粮中加入高锌，使鸡的新陈代谢紊乱，内部功能失调，母鸡停产换羽。

具体做法为：日粮中加 2% 的氧化锌或硫酸锌，让鸡采食，母鸡第 2 天采食量下降一半，1 周后下降为正常采食量的 20%，体重也迅速下降，第 6 天体重下降了 30%，从第 8 天开始，喂给普通日粮。此法不停料不停水，开放式鸡舍可以停止补光。

14. 林地围网养鸡模式的管理要点有哪些?

（1）选好林地　选择 2 年以上树龄，林冠较稀疏、冠层较高，树林荫蔽度在 70% 以下。透光和通气性能较好，且林地杂草和昆虫较丰富的树林较为理想。树林枝叶过于茂密、遮阴度大的林地透光效果不好，不利于鸡的生长。最好选择经环保监测符合无公害要求的林地，同时要求场地相对封闭，易于隔离，向阳、避风、干燥。

（2）清理林地　准备养鸡的前一年冬季，要全面清理林地，清除林地及周边一定距离内的各种石块、杂物及垃圾，再用消毒液对林地及周边进行全面喷洒消毒，尽可能地将林地病原微生物数量降到最低。

（3）划分林地　3~5 亩林地划为一个饲养区，每区修建 1 个养鸡棚舍，将鸡放在不同的小区轮放。每区用尼龙网隔开，网眼大小以鸡不能钻过为准，这样既能防止老鼠、黄鼠狼等对鸡群的侵害和带入传染性病菌，有利于管理，又有利于食物链的建立。待一个小区草虫不足时再将鸡群赶到另一牧区放牧。每轮换一个区，立即对原饲养过鸡的区清理消毒，轮空 60 天以上，可有效预防疾病，也有利于草地休养生息。因放牧范围小，便于在天气突变时对鸡群的管理。

（4）建好棚舍　林地养鸡舍不设运动场，能遮风避雨的简易棚舍即可，以节约养殖成本。放养棚舍面积以 10~15 只 / 米^2 左右建造，应建在林地内避风向阳、地势高燥、排水排污、交通便利的地方。地面便于清扫，不潮湿，棚内外放置一定数量的料槽和和饮水器。

（5）围网　果园四周应采用 2 米高的塑料网进行围网，选择塑料网时以网孔越小越好，网底部和上部应固定好。在实际应用中还可以将果园分成几个区，这样既能防老鼠、黄鼠狼等对鸡群的侵害和带入传染性病菌，又方便日常管理。

（6）放养规模和密度　林地养鸡宜稀不宜密，每亩林地放养50~100只为宜，放养规模每群1 500~2 000只，采用全进全出制。饲养密度不可太大，以防止林地草场的退化和草虫等饵料的不足，密度过小，浪费资源，生态效益低。

（7）放养时期　4月初至10月底期间放牧，此时林地牧草茂盛，虫、蚁等昆虫繁衍旺盛，鸡群可采食到充足的生态饲料。11月至次年3月则采用圈养为主，放牧为辅的饲养方式。

（8）按时补饲　为补充放养期饲料的不足，对放养鸡要适时补饲，早晚各补饲一次，按"早半饱、晚适量"的原则确定补饲量。

（9）防暴雨　每天收听天气预报，密切注意天气变化，遇到天气突变，应及时唤叫收牧，以免暴雨淋击，造成损伤。

（10）放牧训练　放牧初期每天放牧3~4小时，以后逐日增加放牧时间。为使鸡群定时归巢和方便补料，应配合训练口令，如吹口哨、敲料桶等进行归牧调教。

（11）诱虫　夏天晚上，可在林地悬挂一些白炽灯，以吸引更多的昆虫让鸡群捕食。

（12）防兽害　林区养鸡，野生动物较多，对鸡伤害严重。在育雏前重点注意灭鼠，放养期一旦发现鹰、野兽的活动，马上采取赶驱措施。预防老鼠可采取鼠夹法、灌水法、养鹅驱鼠法。鹰类是益鸟，具有灭鼠捕兔的天性，不能猎杀，可采取鸣枪放炮、稻草人、人工驱赶法和网罩法等方法进行驱避。防控黄鼠狼可采取竹筒捕捉法、木箱捕捉法、夹猎法、猎狗追踪捕捉和灌水烟熏捕捉等方法。蛇可采取捕捉法和驱避法。

（13）林下种草　在植被稀疏和林下草质量较差的地方，应人工种草。可种植黑麦草，三叶草等。

（14）预防体内寄生虫　长期林下养鸡（图5-4），鸡体内多感染寄生虫病，应每月定期驱虫1次，上市前1个月的鸡或产蛋期的鸡不能用西药驱虫药，防止药物残留，必须驱虫时，可选用中药驱虫药。

图 5-4　林地养鸡

15. 山地放牧养鸡模式的管理要点有哪些?

山地放牧养鸡（图 5-5）可广泛利用自然饲料资源、节省饲料、降低成本，成品鸡风味独特、品质好、味道鲜美是真正的绿色食品，颇受消费者欢迎，产品价格高、效益好，其技术既是舍内养鸡的延伸，又有别于舍内饲养。

图 5-5　山地放牧养鸡

（1）场地选择　选择向阳避风、地域宽广、水源充足的坡地，以每亩饲养 20~100 只为宜，根据鸡只多少在场地四周围上简易围栏，盖上防雨遮阳棚，场地上设固定料位和饮水器等。

（2）放牧时间及季节的选择　由于放牧养鸡完全舍外饲养，外界环境对鸡只影响大，故根据当地季节宜选择在每年 4 月底开始育雏，5月中旬发送脱温鸡，此时气温渐升，昼夜温差小，便于鸡只对外界环境变化的适应，同时该季节有大量的嫩草、树叶、昆虫等有益食物，便于鸡只采食，促进快速生长，通常饲养100~120天均重在1.5~1.8千克，且此时正是草鸡销售旺季，上市价高，效益好。

（3）放牧期间疾病防治 放牧养鸡活动范围广，疾病防治难度大，为此必须按免疫程序和预防性投药来预防，平时多注意观察，必要时做好鸡痘、新城疫、法氏囊病、球虫病的预防，同时要求做好定期消毒（草木灰、生石灰等）。

（4）放牧养鸡饲喂方法 放牧养鸡实行以放牧为主，补饲为辅的饲养方式，刚接到的脱温鸡要饲用全价料过渡1周，以后每周早晚各供1次料，到第4周时由全价料逐步过渡到五谷杂粮。该季节放牧养鸡，鸡只能够充分采食到野生青草、树叶、昆虫等，每日早上喂七成饱，便于鸡在放牧中采食，增加活动量，提高鸡的肉质。

（5）山地放牧养鸡应注意事项 必须在放牧场上搭上简易的防风遮雨棚；平时多加观察和调教，严格按照免疫程序和预防性投药（特别是球虫病）；必须供给充足的饮水，并固定位置；放牧规模视场地大小而定，通常以800~1 500只为宜；防止野兽侵害鸡群，避免在喷洒农药和刚施化学肥料后进行放牧；平时多注意天气预报，发现异常应及时将鸡群赶回。

16．果园放养土鸡的优点与技术要点是什么？

果园养鸡是把鸡舍建在果园里，鸡在果园内进行舍饲与放养相联合的一种饲养模式，一般以放养抗逆性较强的土鸡为宜（图5-6）。雏鸡一般在鸡舍内培养、饲养，待脱温后转群到果园内放养，白天采食草、虫、沙砾等，夜间回鸡舍歇息。这种养殖模式的优点是，首先，能除掉果园杂草，节省饲料，降低养殖成本。鸡有采食青草和草籽的习性，对杂草生长有一定的抑制作用。鸡平时采食果园的杂草、昆虫、蚯蚓等生物资源，满足自身营养需要，减少饲料的投喂，节省饲料开支。其次，可以培肥土壤，消灭果园害虫，减少果园肥料、农药的投资。鸡粪中含有丰富氮、磷、钾等果树生长所需要的营养物质，可为果树提供优质肥料。鸡在果园内觅食，把

图 5-6　果园放养鸡

果园地面上和草丛中的绝大部分害虫吃掉，从而减轻害虫对果树的危害，提高果品的产量和质量。第三，能增强鸡群体质，减少疾病发生。果园中空气新鲜、水源清洁，可避免和减少鸡病的互相传染，降低死亡率。

（1）果园的选择　要选择僻静、安宁、无噪声、无污染、有自然水源、土质为沙壤土、果树树龄 3 年以上且树形高大的果园。

（2）鸡舍的建造　鸡舍应建在干燥、阳光充足、通风良好、地面平坦且离水源较近的地方，坐北朝南。一般采用砖木结构建成平房，高 3 米左右，室内地面为水泥地，以便于清洗。鸡舍周围要开挖排水沟，以防洪水冲击。

（3）品种的选择　果园养鸡是以放养为主的饲养方式，所以，应选用适应性强、耐粗饲、觅食力强、抗病力好、个体偏中、肉质细嫩味美的优质地方品种。

（4）果园放养时间　以晚春至秋末为宜，其他季节因为气温变化大，果园内虫、草减少，应根据具体情况适当减少放养。

（5）果园养鸡规模　规模必须根据果园的面积及杂草生长情况合理确定，一般每亩果园养鸡 80~100 只为宜。密度过大，不利于果园日常管理，也会使鸡粪自然净化困难，造成环境污染且不能保证正常采食量；密度过小，则会降低果园土地利用率。

（6）补料　补饲主要以玉米、小麦、豆粕或鱼粉为主，并添加适量青绿饲料。这样可以降低养殖成本和鸡肉脂肪含量，提高鸡肉品质。

（7）防止鸡啄果实　由于鸡觅食力强活动范围广、喜欢飞高栖息啄食果实，会影响水果品质，所以，在水果生长收获期，果实应采用套袋技术。

（8）防毒　应尽量使用低毒高效的杀菌农药，或实行限区域放养，避免鸡群农药中毒。

（9）勤观察　在饲养管理过程中，还要注意观察鸡群精神状态、粪便、采食和饮水情况，发生疾病及时投药治疗。同时，注意防止鼠兽侵袭危害。

（10）鸡舍卫生、消毒和免疫　在饲养过程中应及时清除舍内粪便，排出污物，保持清洁、干净的饲养环境。定期交替使用不同类型的消毒药对用具和鸡舍消毒，并搞好平时的带鸡消毒和饮水消毒工作，以控制病菌生长。

（11）定期给鸡驱虫

17. 怎样提高果园养鸡成活率？

果园养鸡在饲养管理和疾病防治上与一般的舍饲方法有较大的不同之处，为提高果园养鸡成活率，应采用以下办法。

（1）选好种源　果园养鸡的品种以抗逆性强（适应性强）的土鸡为宜，不合适饲养艾维茵等快大型鸡种，鸡苗选择应以健康活跃、并已接种过马立克氏病疫苗的鸡雏。

（2）严防中毒　果园喷过杀虫药或施用过化肥后需间隔7天以上才可放养，雨天可停5天左右。果园邻近不要有农药污染的水源，以防中毒。放养时把鸡赶到安全的处所，以免鸡采食喷过杀虫药的果叶和被污染的青草。最好用尼龙网或竹篱笆圈定放养范围，以防鸡只到处乱窜。果园养鸡应常备解磷定、阿托品等解毒药物，以防万一。

（3）避免应激　雏鸡购入后先在鸡舍内按惯例育雏，待脱温后再转移到果园里放养。开始放养时，时间宜短、路程宜近，以后慢慢延长时间和路程。放养的最初几天，由于转群、脱温等影响，可在饲料或饮水中加入一定量的维生素C或复合维生素等，以防应激。

（4）严防兽害　野外养鸡要特别注意预防鼠、黄鼠狼、野狗、灌、狐狸、鹰、蛇等天敌的侵袭。鸡舍不能过于简陋，应及时堵塞墙体上的大小洞口，鸡舍门窗用铁丝网或尼龙网拦好。同时，要增强值班和巡视，谨防偷盗和兽类的侵袭。

（5）重视防疫　果园养鸡要重视防疫，按免疫程序做好鸡新城疫、鸡法氏囊病等主要传染病的预防接种。同时还要重视驱虫，制订合理的驱虫程序，及时驱杀体内外寄生虫。果园若要施用有机肥，特殊是应用鸡粪作为肥料时，应将有机肥充足发酵后再施到果园中，防止有机肥中的病原微生物传染鸡病。

（6）加强消毒　在每批鸡出栏后彻底清理鸡舍内的鸡粪，地面经清洗后用2%~3%的烧碱水泼洒消毒，然后熏蒸消毒。为更有效地杀灭病原微生物，应采取"全进全出"制。在一批鸡清栏后，果园场地的鸡粪采用翻土20厘米以上，地面上用生石灰或石灰乳泼洒消毒，以备下批饲养。果园养鸡2年后应换个场地，以便给果园场地一个自然净化的时光。

（7）注意察看　果园养鸡往往不是由专职饲养人员管理，加之放养时鸡到处啄虫、草，不易及时发现鸡只状况。而且，如果鸡只发生传染性疾病，会将病原微生物扩散到全部环境中。因此，放养时要增强巡逻和察看，发现掉队、独处一隅、精神萎靡的病弱鸡，及时隔离察看和治疗。鸡只晚上回舍时要清点数量，以便及时发现问题、查明原因和采用有效办法。

（8）增强管理　对鸡舍应每天除粪清扫1次，搞好日常卫生消毒工作。放养期的抛食应遵守"早宜少、晚适量"的原则。放养宜选择在晴天无风日，严禁大雨、大风、寒冷天气放养。热天放养应早晚多放，中午在树阴下休息或赶回鸡舍，不可在烈日暴晒下久长放养，防止中暑。放养进程中要驯导，以树立起鸡只回舍条件反射，以便在紧迫情形能使每只鸡及时回舍。

第六章　种用土鸡的饲养管理

1. 种用土鸡育成期有哪些生理特点？其培育目标是什么？

0~7周龄是土鸡的育雏期，其饲养管理同商品土鸡。从育雏结束，一直到开始见蛋的时期称为育成期，也叫后备鸡阶段。相对于培育鸡种，土鸡的性成熟期较晚，育成期时间长，即便是早熟品种的土鸡，如浦东鸡、萧山鸡、固始鸡等，开产周龄也在26~30周；晚熟品种，如北京油鸡、寿光鸡等，需要到32~34周龄才能开产见蛋。

（1）育成期的生理特点　种用土鸡育成期已经长出成羽，并羽毛丰满，体温调节机能健全，对外界环境具有了较强的适应能力。同时，消化机能渐强，采食多，容易过肥；钙磷的吸收能力强，骨骼发育旺盛，肌肉生长最快。因此，要适当降低日龄的蛋白质水平，保证微量元素和维生素的足量供给，到了育成后期，还要增加钙的喂量。

小母鸡从第11周龄开始，卵巢滤泡开始逐渐积累营养物质，滤泡渐渐增大；小公鸡12周龄后睾丸及副性腺发育速度加快，精细胞开始出现。到了18周龄，性器官发育更加迅速。从12周龄以后，土鸡的性器官发育快，对光照时间的长短反应敏感，所以应注意光照控制。

（2）育成期种用土鸡的培育目标　通过育雏育成期精心的饲养管理，培育出个体质量和群体质量都优良的育成种母鸡。

鸡群个体要求健康无病，活动灵活，反应敏锐，食欲旺盛，采食有力，体形良好，符合本品种特点，羽毛紧凑光洁；鸡冠、脸、肉髯颜色鲜红，眼睛突出，鼻孔洁净，肛门周边羽毛清洁无污染，粪便色泽、形状、气味等正常；个体挣扎有力，胸骨平直，肌肉和脂肪比例良好。

鸡群群体质量良好，雏鸡应来源于有生产许可证厂家的优质土鸡品种；体重发育符合品种标准，均匀度好，大小一致；抗体水平符合安全指标。

2. 种用土鸡育成期的饲养方式有哪些?

（1）笼养　用蛋鸡育成笼饲养育成期土鸡。笼养的优点是：相同房舍饲养数量多；饲养管理方便；鸡体与粪便隔离，有利于疫病预防；免疫接种时抓鸡方便，不易惊群。笼养投资较大，每只鸡多投入1.5元左右，适合大规模、集约化土鸡饲养。

（2）网上平养　在离地面40~60厘米的高度设置平网，把育成期的种用土鸡养在上面。网上平养鸡的鸡体与鸡粪彻底分开，可减少发病机会，提高育成率。平网可用塑料网、木板条、钢丝网或竹板条制成。鸡舍内设网时，注意留有走道，方便饲喂和管理。

（3）地面垫料平养　在舍内地面铺设厚垫料，把育成期的土鸡养在上面。这种方式投资小，适合小规模户使用。其缺点是，鸡容易受潮，球虫病感染率高。要加强对垫料的管理，保持垫料具有一定的弹性、松软、干燥，经常翻动，及时更换潮湿结块甚至发霉的垫料。

（4）放牧饲养　土鸡在放牧的过程中，不仅能吃到青绿饲料、昆虫、草籽等物质，满足部分营养需要，节约饲料，而且能增加运动，增强体质。牧地可选择果园、林地、草场、山坡、农田茬地等。天气晴朗时，可延长放牧时间。场地要经常更换，或定期轮牧。

3. 种用土鸡育成期的饲养重点是什么?

控制体重，防止过肥而影响产蛋潜能的发挥。育成期的饲料营养浓度较育雏期和产蛋期低，应适当加大麸皮、米糠的比例。平养时可供给一定的青绿饲料，占配合饲料用量的25%左右。育成鸡每天要减少喂料次数，平养时，上午一次性将全天的饲料量投放于料桶或饲槽内；笼养时，上午、下午分两次投料；放牧饲养时，每天傍晚入舍前适当补饲精料。育成鸡每天喂料量要根据鸡体重发育情况而定，每周称重1次（抽样比例为10%），计算平均体重，与标准体重比较，确定下周的饲喂量。育成期土鸡要供给充足、洁净的饮水。

4. 种用土鸡育成期日常管理的重点是什么?

（1）脱温 育雏结束，进入育成阶段要脱温。脱温的时间，要根据外界环境温度来确定，如冬季育雏时脱温时间可能推迟到 8~9 周龄，甚至是 10 周龄，注意逐渐脱温。注意育成鸡的防寒，特别是在寒冷季节，脱温后一定要准备防寒设备，了解天气变化，做好防寒准备，避免突然的寒冷引起育成鸡的死亡。

（2）转群 育成阶段要多次转群，如育雏舍转入育成舍，再转入种鸡舍，转群过程中，尽量减少应激。

（3）饲养管理程序稳定 严格执行饲养管理操作规程，保证人员稳定、饲养程序和管理程序稳定。

（4）卫生管理 每天清理清扫舍内污物，保持舍内环境卫生；定期清粪；每周鸡舍消毒 2~3 次，周围环境消毒 1 次。

（5）搞好环境控制 育成舍内温度应保持 15~25℃，相对湿度 55%~60%，注意通风换气，排出舍内氨气、硫化氢、二氧化碳等气体，保证充足的新鲜空气。

（6）细致观察鸡群 每天都要仔细认真地观察鸡群，注意精神状态、采食情况、粪便形态等情况，发现异常，及时处置。

5. 如何对育成期的种用土鸡进行光照管理?

光照控制是控制鸡群性成熟的主要途径。在育成期，特别是育成中后期（7 周龄到开产），光照时间不可延长，光照强度也不可增加。一般以自然光照为主，人工适当补充光照。每年 4 月 15 日到 8 月 25 日期间出壳的雏土鸡，育成中后期正处在自然光照逐渐缩短的时期，基本可以完全利用自然光照，即能满足要求；而每年 8 月 26 日至来年 4 月 14 日所孵化的雏土鸡，到了育成中后期，正处在自然光照逐渐延长的时期，这时要结合人工补充光照（每天定时开灯、关灯），使每天光照保持恒定时间，或者使光照时间逐渐缩短。

6. 如何控制育成期的种用土鸡体型和均匀度?

体型好、发育均匀整齐的鸡群，产蛋量多，种用价值大。定期称测体重和胫骨长度，计算平均体重和平均胫长，调整饲料饲喂量，使育成的土鸡体重符合要求。同时要计算均匀度，了解鸡群发育的均匀情况，并进行必要调整，使育成的新母鸡群体均匀整齐。均匀度指群体内体重在平均体重 ±10% 范围内的个体所占的比例。为了获得较高的均匀度，生产中要做好以下几方面工作。

体型和均匀度的管理目标是：育成鸡体重周周达标，为产蛋储备体能；均匀度达到 85% 以上；9 周龄骨骼发育完成 80%，15 周龄前后发育成熟。

体重不达标时，要加强管理，确保环境稳定、适宜，饲养密度适宜，不拥挤；适当增加饲喂量，增加饲料中粗蛋白质、钙磷和微量元素的含量；推迟更换育成鸡料，但最晚不超过 10 周龄。

要提高鸡群均匀度，保持鸡群健康、正常的生长发育；喂料均匀，密度适宜，断喙正确；采取分群管理，根据体重将鸡群分为三组：超重组、标准组、低标组，对低标组的鸡群增加营养，超标组的鸡群适当限制饲喂。

7. 如何选择和淘汰育成期的种用土鸡？

种用土鸡的选种和淘汰是一项非常重要的工作，只有合理的淘汰，才能提高整个种鸡群的种用价值，提高合格种蛋的数量，提高商品土鸡的质量和档次，降低饲料成本，从而提高饲养效益。

种用土鸡在育成期内，要结合日常饲养管理，剔除那些喙部交叉、单眼、跛步、体型不正等畸形鸡；羽毛生长不良，眼、冠、皮肤苍白，消瘦的鸡；淘汰有病的个体。在 12~13 周龄，重点挑选种用公鸡，把那些个体发育良好、冠大鲜红的个体公鸡留作种用；到 18 周龄，重点选择种用母鸡，观察母鸡全身发育情况，逐只选择，淘汰发育不良的个体。

8. 种用土鸡开产前应如何进行饲养管理？

种用土鸡开产（150~160 天）前数周是母鸡从生长期进入产蛋期的过渡阶段。此阶段不仅要选留淘汰、免疫接种、饲料更换和增加光照等一系列工作，给鸡造成极大应激，而且这段时间母鸡生理变化剧烈，敏感，适应力和抗病力差，如果饲养管理不当，极易影响产蛋性能。蛋鸡开产前的饲养管理应注意如下几方面。

（1）做好开产前的准备工作　鸡舍和设备对产蛋鸡的健康和生产有较大影响。开产前要检修鸡舍及设备，认真检查供电照明系统、通风换气系统，如有异常应及时维修；全面清洁消毒鸡舍和设备设施。另外，要准备好所需的用具、药品、器械、记录表格和饲料，安排好饲喂人员。

（2）挑选　种用土鸡一般5~6月龄见蛋。要求生长发育良好，开产时间均匀整齐。要按品种要求剔除体型过小、瘦弱鸡和无饲养价值的残鸡，选留精神活泼、体质健壮、体重适宜的优质鸡。

（3）免疫接种　开产前要免疫接种，这次免疫接种对防止产蛋期疫病发生至关重要。免疫程序合理，符合本场实际情况；疫苗来源可靠，保存良好，质量保证；接种途径适当，操作正确，剂量准确。接种后要检查接种效果，必要时检测抗体，确保免疫接种效果，使鸡群有足够的抗体水平来防御疾病的发生。

（4）驱虫　开产前要做好驱虫工作。选用合适的驱虫药，对120~130日龄的鸡拌料集中驱虫，一周后重复一次。

（5）光照　光照对鸡的繁殖机能影响极大，增加光照能刺激性激素分泌而促进产蛋，缩短光照则会抑制性激素分泌，因而也就抑制排卵和产蛋。通过对产蛋鸡的光照控制，以刺激和维持产蛋平衡。此外，光照可调节母鸡的性成熟和使母鸡开产整齐，所以开产前后的光照控制非常关键。现代土鸡已具备了提早开产能力，适当提前光照刺激，使新母鸡开产时间适当提前，有利于降低饲养成本。体重符合要求或稍大于标准体重的鸡群，可在20周龄时将光照增至13小时，以后每周增加30分钟直至16小时，体重偏小的鸡群则应在22周龄时开始光照刺激。光照时数应渐增，如果突然增加的光照时间过长，易引起脱肛；光照强度要适当，不宜过强或过弱，过强易产生啄癖，过弱则起不到刺激作用。开放舍育成的新母鸡，育成期受自然光照影响，光照强，开产前后光强度一般要保持在15~20勒克斯范围内，否则光照效果差。

（6）饲养管理　种用土鸡开产前的饲养管理不仅影响产蛋率上升

和产蛋高峰持续时间，而且影响死淘率。

① 适时更换饲料。开产前 2 周骨骼中钙的沉积能力最强，为使母鸡高产，降低蛋的破损率，减少产蛋鸡疲劳症的发生，应从 19 周龄起把日粮中钙的含量由 0.9% 提高到 2.5%；产蛋率达 20%~30% 时换上含钙量为 3.5% 的产蛋鸡日粮。

② 保证采食量。开产前应恢复自由采食，让鸡吃饱，保证营养均衡，促进产蛋率上升。

③ 保证饮水。开产时，鸡体代谢旺盛，需水量大，要保证充足饮水。饮水不足，会影响产蛋率上升，出现较多的脱肛。

（7）减少应激

① 合理安排工作时间，减少应激。免疫接种时间最好安排在晚上，捉鸡动作要轻。更换饲料时要有 3~5 天的过渡期。

② 使用抗应激添加剂。土鸡开产后进行一系列管理程序，对鸡造成较大应激。可在饲料或饮水中加入抗应激剂，以缓解应激。

（8）卫生　随着产蛋率的上升，鸡体代谢旺盛，抵抗力较差，极易受到病原侵袭，所以平时必须加强防疫卫生工作。杜绝外来人员进入饲养区和鸡舍，饲养人员进入前要消毒；保持鸡舍环境、饮水和饲料卫生。此外，平时注意使用中草药控制大肠杆菌病、病毒病和输卵管炎的发生。

（9）加强观察　注意细致观察鸡的采食、呼吸道、粪便和产蛋率上升等情况，发现问题及时解决。鸡开产前后，生理变化剧烈，敏感，应多注意观察。及时发现脱肛鸡、啄肛鸡、受欺负鸡和病弱残疾鸡，挑出处理。

9. 高产期的种用土鸡应如何饲养管理？

（1）种用土鸡刚转入产蛋期时，仍喂育成鸡饲料　待鸡产蛋达 5% 时更换蛋鸡饲料。高峰期的产蛋土鸡，产蛋率大于 75% 时，饲料中每千克饲料中含代谢能 11.56 兆焦、粗蛋白质 17%~18%、钙 3.6%~3.8%、磷 0.6%，为了保证产蛋鸡所需的能量，饲料中麸皮应低于 5%，2—3 月可添加 2% 的油脂。

（2）严格掌握补光制度　产蛋期光照按土鸡开产前的饲养管理的

光照程序补光，当准备淘汰整群鸡时，可以在最后一个半月左右将每日光照提高到 18 小时，以便充分挖掘土鸡的产蛋潜力，光照强度为 25 瓦灯泡，灯与灯之间距离约 3 米，离地 2 米，保证每平方米 4~5 瓦，灯泡应交错分布，以使地面获得均匀光照和提高光照的利用率。产蛋鸡补光的同时，一定要注意满足鸡体的营养需要。尤其是蛋白质，钙、磷、维生素 A、D_3、E 等，不能低于正常水平。

（3）注意温度、湿度和通风换气 产蛋鸡最适宜的温度是 15~25℃，当低于 10℃或高于 32℃时，鸡群产蛋率明显下降；鸡舍相对湿度以 55% 左右为宜；鸡舍还要保持空气新鲜，空气中氨气、二氧化碳等有害气体浓度过高都会损害鸡的健康，从而造成鸡群产蛋率下降。因此，在不同季节里，要根据气温和气候状况，在基本保证鸡舍温、湿度合适的情况下，进行通风换气，冬季要保暖通风，夏季防暑降温，加大通风量。

（4）精心饲养

① 喂料。根据鸡群产蛋率，季节气候和鸡体重变化等情况，调节饲养。冬季采食量大，可适当降低蛋白质水平，有条件的可在饲料中加些油脂；夏季采食量小，适当提高蛋白水平。1 天可投料 2 次，但无论几次，都要确保每只鸡的日粮总量。

② 给水。鸡饮水不足会影响产蛋，尤其是夏季，更不能让鸡缺水。饮水中可添加小苏打（一般饲料中添 0.3%），对提高种用土鸡的蛋重、成活率、产蛋率有显著的效果。

（5）强化管理

① 一般管理。产蛋鸡的生产管理要制度化，如严格的光照制度给料、给水、捡蛋，观察鸡群，冲刷水壶，清理粪便等，都要有一定的时间和规律。为了给鸡营造良好的生产条件，培育出高产鸡群，一定要遵守鸡群的管理制度，甚至管理人员进出鸡舍的时间，穿着等都要固定不变才好。

② 产蛋高峰期管理。从开产至产蛋高峰，新母鸡将以相当快的速度增长，鸡群产蛋率上升也很快，每周产蛋率增长 1 倍左右，因此一定要喂给足够的、质量好的营养完全的饲料。在此时期，产蛋期鸡处于高度兴奋状态，对来自环境的刺激极为敏感，极易受到惊扰而影

响产蛋，此时要保持环境安静，气候适宜，使鸡的产蛋潜力得到充分发挥。

③ 观察鸡群。清晨鸡舍内开灯后，观察鸡群精神状态和粪便情况，发现弱鸡和异常鸡，应及时挑出；夜间闭灯后倾听鸡有无呼吸病的异常声音，特别是在冬天，由于通风不良，易造成呼吸道疾病，因此可及时调整通风，如发现有呼噜、咳嗽等，有必要挑出隔离治疗；观察舍温的变化幅度，尤其是冬、夏季节要看温度并做好记录，还要看通风饮水系统及光照等，发现问题及时解决；观察有无啄癖鸡，若发现应及时挑出，用紫药水将血色涂掉或及时淘汰。

④ 做好生产记录。要管理好鸡群，就必须做好鸡群的生产记录。因为，生产记录反映了鸡群的实际生产动态和日常活动的各种情况，通过学习及时了解生产、指导生产、日常管理中对某些项目如入舍鸡数、存栏数、死亡数、产蛋量、产蛋率、耗料、体重、蛋重、舍温、天气、免疫、用药等都必须认真记录。

（6）产蛋突然下降的原因　蛋鸡产蛋高峰过后，产蛋率开始下降，这是正常规律，在良好饲养管理条件下，产蛋率每周下降1%左右，超过这个范围，说明有异常原因。

① 管理和环境方面的原因。连续数月喂料不足或饲料成分变化，适应性不好，降低采食量，缺水，异常的惊扰，通风不好，鸡舍温、湿度过高或过低、光照、投料、清粪时间的变化等，都会造成产蛋率突然下降。

② 疾病方面的原因。急性传染病，如新城疫、传染性喉气管炎、传染性支气管炎等引起产蛋率突然下降。

③ 鸡群休产时同步化原因。大部分将在同1天休产引起的产蛋突然下降。

10. 种用土鸡产蛋后期应如何进行饲养管理？

种用土鸡产蛋后期体重几乎不再增长，产蛋量逐渐下降，蛋壳质量逐渐变差。因此应及时调整饲料营养，加强管理。

（1）补钙　要使鸡尽量多产优质蛋，合理供钙尤为重要。正常蛋壳重约16克，但钙在体内的存留率仅为50%~70%，因此产一枚蛋需 4 克钙，需求量较大。钙不足会促进吃料量，使饲料消耗过多，母鸡体重增加，使肝中脂肪沉积增多，造成脂肪肝。如果料中钙过量，会降低鸡食欲，影响产蛋率。如果饲料中钙不足会使蛋壳变差，软壳蛋和无壳蛋增多，甚至使母鸡瘫痪，既而发生笼养土鸡疲劳症。后期饲料中钙的含量 42~62 周龄为 3.6%，63 周龄后为 3.8%。贝壳、石粉和磷酸氢钙是良好的钙来源，但要适当搭配，有的石粉含钙量较低，有的磷酸氢钙含氟量较高，要注意慢性氟中毒。如全用石粉则会影响鸡的适口性，进而影响食欲，在实践中贝壳粉添加 2/3，石粉添加 1/3 不但蛋壳的强度良好，而且很经济。多数母鸡都是夜间形成蛋壳，第二天上午产蛋。在夜间形成蛋壳期间母鸡感到缺钙，如下午供给充足的钙，让母鸡自由采食，它们能自行调节产蛋量。在蛋壳形成期间吃钙量为正常情况的 92%，而非形成蛋壳期间仅为 86%。因此下午 4~5 点是补钙的黄金时间，对于蛋壳质量差的鸡群每 100 只鸡每日下午可补充 500 克的贝壳粉或石粉，让鸡群自由采食。

（2）及时捡出和淘汰劣种种鸡　及时捡出和淘汰劣种种鸡，是节约成本，提高产蛋率、受精率和提高鸡群素质的重要措施。所谓劣种母鸡，就是低产、病残、无经济价值的母鸡；劣种公鸡，是指患有某种疾病或性欲不强、配种能力差的公鸡。要勤于观察，严格要求，一旦发现，立即捡出，下决心淘汰。

（3）产蛋鸡与停产鸡在外观形态上的区别　土鸡在产蛋期间，性腺活动和代谢机能旺盛。卵巢输卵管和消化机能均旺盛，因此产蛋鸡与停产鸡在外观上有很大区别。冠和肉髯：产蛋鸡冠和肉髯大而鲜红、丰满、触摸时感觉温暖；停产鸡冠和肉髯小而皱缩，呈淡红或暗红色。腹部容积：腹部是消化和生殖器官的所在地。产蛋鸡消化和生殖器官发达，体积较大，表现为腹部容积大；而停产鸡则相反，腹部容积小，触摸发硬。色素变换：母鸡开始产蛋后，黄色素转移到蛋黄里，在母鸡肛门、喙、脸、胫部、脚趾等黄色素缺乏补充，逐渐变成褐色、淡黄色或白色。而停产鸡的这些部位仍呈黄色。

第七章 土鸡安全放养及常见病害敌害防控

1. 放养时鸡群中为什么要配置公鸡？

在现代化的蛋鸡规模养殖场里，多数小公鸡一出生就会被淘汰掉，大部分母鸡则被留下来。不过，如果是放养，这母鸡群里还是最好放一些公鸡进去。据有经验的养殖户说，只养母鸡不养公鸡，母鸡就没有仗胆的，遇到风吹草动，就容易乱。因为这放养鸡其实恢复了鸡的部分原始状态。以前，农家的鸡都是由一只公鸡带领很多母鸡来过日子的，如果没有公鸡，母鸡就缺少主心骨了。

如果，放一些公鸡到母鸡群里去，公鸡会把鸡群照顾得好好的，维持其中的秩序。另外，公鸡还能对母鸡起到一个性诱导的作用，促进母鸡雌性激素的分泌，提高产蛋量。尤其是对那些还没有开产的小母鸡，还有产蛋量不稳定的母鸡，能够促进它们开产和增加产蛋量。

2. 如何做好放养鸡的生态隔离？

山林果园生态养鸡虽然空气新鲜，鸡群活动量大，活动范围广，并且主要吃野菜、嫩草、草籽、昆虫等饲料，机体健康，但如果不加预防，鸡群也会生病，尤其是传染病如新城疫、传染性法氏囊病、传染性支气管炎、鸡痘、流行性感冒等。一旦发病，有效的治疗措施较少，治疗的经济价值也较低，有些病即使治好了，也会影响其生产性能，降低经济效益，因此要认真做好预防工作。重点从以下几方面把好关。

（1）**防范兽害** 果园养鸡要注意严防兽害。野外养鸡要特别注意预防鼠、黄鼠狼、野狗、狐狸、鹰、蛇等天敌的侵袭。为防止各种敌兽侵袭，要对养殖环境进行必要的改造：鸡群活动范围的边界上，应埋设 1.5~2 米高的铁丝网或尼龙网；也可密集埋植树枝篱笆，配合栽种葫芦、扁豆、佛手瓜、南瓜等秧蔓植物加以隔离阻挡；种植带刺的洋槐枝条、野酸枣树或花椒树，阻挡人、兽的效果最为理想。鸡舍不能过分简陋，应及时堵塞墙体上的大小洞口，鸡舍门窗用铁丝网或尼龙网拦好。育雏前最好统一灭鼠；进出育雏室应随手关好门、窗。同时要加强值班和巡查，检查放养场地兽类出没情况。为防止野生动物危害，可以在鸡舍外面悬挂几个灯泡，使鸡舍外面通宵比较明亮；在鸡舍外面搭个小棚，养几只鹅可以防止黄鼠狼对鸡群的危害。当有动静的时候，鹅会鸣叫，饲养人员可以及时起来查看；管理人员住在鸡舍旁边也有助于防止野生动物靠近。饲养猎狗也是一种可行的方法。

（2）防范恶劣天气　夏季雷雨多见，狂风、雷电、洪水也会对鸡群造成严重危害。草地、荒坡等野外放养环境内，适当搭建一些简易的小凉棚，凉棚顶部盖油毡，棚内铺垫干净的河沙，以便遮阳挡雨，满足鸡群临时休憩和沙浴的需要，凉棚地势要高，周边活动半径以不超过 50 米为宜。

冬季注意北方强冷空气南下，夏天注意风云突变，谨防刮大风下大雨。尤其是放养的头一两周，要注意收听天气预报，时刻观察天空风云的变化，放养 3 周龄后抗逆力强了一般问题不大。恶劣天气或天气不好时不要上山放养，并及时将鸡群赶回棚内，避免鸡的死伤造成损失。

（3）防止农药中毒　防止病虫害，果园、林地等地方需要在一定时期喷洒药物。在喷洒对鸡有危害作用的农药时，要把鸡圈在舍内饲养，且喷药后的果园内不能采集青绿饲料喂鸡。

3. 怎样控制霉菌对放养土鸡的危害？

霉菌主要产生在饲料的加工和贮存期间。放养土鸡采食受污染的饲料后，可以在肝、肾、肌肉中检测出霉菌毒素。其中黄曲霉菌是目前发现的感染最多的菌类，同时该菌也是较强的化学致癌物，其他还包括：褐曲霉菌、玉米赤霉烯酮、呕吐霉素等。霉菌的生长温度20~30℃，相对湿度80%~90%，饲料含水量是霉菌能否生长的一个关键因素。防止霉变要注意以下几方面。

（1）严格控制玉米水分　玉米是主要能量饲料，在日粮中添加比例较大，须严格控制水分，一般北方要求水分含量低于12%，南方要求低于14%。已经发霉或者水分较大的玉米千万不可用到饲粮中。

（2）慎用动物蛋白饲料　动物蛋白饲料中如果含水量较高或者脱脂不全，易引起霉变。主要是机榨生产的饼类和贮存时间过长的油脂类饲料。加油饲料要尽快使用，不可贮存时间过长。

（3）注意饲料加工环节　在饲料加工过程中，主要注意两点。一是饲料加工散热要充分，特别是颗粒料，要调节好冷却的时间与所需的空气量；二是饲料生产设备的灰尘要小，防止空气中的霉菌孢子污染。

（4）加强饲养管理过程　饲养管理中，可能会出现雨水等淋湿饲料，水槽漏水进入饲料中，长时间容易引起霉变。因此在饲料的保存与使用过程中，应当注意防水、防潮。

目前在饲料中普遍使用防霉剂，主要是丙酸及其盐类。这些防霉剂具有抑菌范围广，安全性高等优点。但这些防霉剂只有在 pH 值低于 5 的时候，抑菌效果才佳。所以在饲料的使用与保存过程中应注意防霉。

4. 如何做好土鸡疫病的综合防治？

（1）改善饲养环境，为土鸡养殖创造良好的生产条件

① 合理选址，做好鸡舍改造建设。鸡舍必须建在地势高、排水方便、通风良好的地方，不宜在低洼潮湿处建场；鸡舍前后可每隔 3 米开一个 70 厘米 × 120 厘米的采光透风窗，室内一侧放置栖架，饮水器、料槽等差距分布于舍内，同时在向阳面的一边开一个高 160 厘米、宽 70 厘米的小门，门外设置铺有沙子的运动场。鸡舍内应是水泥地面，以利于清扫与消毒。另外，要加强绿化，以净化鸡舍环境。

② 做好鸡舍及用具的消毒，保持鸡舍干净卫生。鸡舍要保温良好，干燥卫生，光亮适度，通风换气。地面用生石灰铺撒或用10%生石灰乳喷洒消毒，有条件的可用高压水冲洗，喷灯火焰消毒。舍内四周墙壁、烟道等用10%生石灰乳刷白，然后按每立方米用福尔马林溶液15毫升、高锰酸钾7.5克熏蒸，密闭1~2天后开窗通风换气。鸡舍附近的运动场，在使用前也要消毒。伞形育雏器、笼具、料槽、饮水器等用1%苛性钠溶液或可用10%生石灰乳剂清洗消毒，用水仔细冲洗干净，在日光下晒干备用。

③ 做好通风换气工作，使土鸡生长在良好的空气环境。做好鸡舍内通风换气工作，特别是冬季既要做好防寒保温，又要注意通风换气。用燃煤保温育雏时，切忌门窗长时间紧闭，以防止通风不良。加温炉必须有通向室外的排烟管，使用时检查排烟管是否连接紧密及是否畅通等。舍内温度预热到30~34℃，并检查能否恒温，以便及时调整。平时要在地面铺上干净的垫料，厚约3~5厘米。

④ 控制好养鸡密度，改善土鸡的饲养环境。鸡舍内饲养密度不宜过大，以1~2周龄雏鸡30羽/米^2、3~4周龄鸡25羽/米^2、5~8周龄鸡12羽/米^2、9~18周龄鸡8羽/米^2、19周龄以后鸡6羽/米^{2}为宜。笼养鸡舍内，鸡笼摆放不可过于拥挤、超标。

（2）制定科学的免疫程序，确保土鸡的健康养殖

① 鸡新城疫：7~10日龄用Ⅳ系疫苗滴鼻、点眼，同时皮下或肌内注射油佐剂疫苗0.2毫升；2月龄用Ⅰ系疫苗免疫，5月龄用油佐剂疫苗免疫。或者，7~10日龄用Ⅳ系疫苗滴鼻、点眼，1月龄后同上二免，3月龄用Ⅰ系疫苗免疫，5月龄用油佐剂疫苗免疫。

② 鸡马立克氏病：1日龄皮下或肌内注射马立克疫苗0.2毫升。对于种鸡群，推荐使用双价苗和细胞结合苗。

③ 传染性法氏囊病：10~14日龄用中等毒力疫苗饮水免疫（水中应含2%脱脂乳，下同）；25~30日龄同上二免。对后备种鸡群，5月龄时注射油佐剂疫苗，10月龄时应再注射一次油佐羽剂疫苗，以保持子代有较高水平的母源抗体。

④ 传染性支气管炎：8~10日龄用H120疫苗首先滴鼻或点眼，3周龄时用H52饮水免疫，4月龄时用油苗注射。

⑤ 传染性喉气管炎：仅在发病鸡场使用活苗免疫。20~24日龄滴眼或饮水免疫，6周后重复免疫一次。

⑥ 禽流感：鸡20日龄和120日龄或快进入流感高发期、上次接种半年后，用0.5毫升/羽肌注接种一次。

⑦ 病毒性关节炎：14日龄接种弱毒疫苗，4月龄后注射油佐剂疫苗。

⑧ 鸡痘：3周龄刺种弱毒疫苗，4月龄后二次免疫。

⑨ 传染性脑脊髓炎：仅在疫场使用活苗免疫，10~12周龄用弱毒疫苗饮水免疫。

⑩ 传染性鼻炎：1月龄初免，注射油佐剂疫苗0.5毫升；3月龄二免，注射1毫升；6月龄三免，注射1毫升。

（3）对土鸡寄生虫病的防治，以防治球虫病为主 在改善饲养环境、加强营养及饲养工具消毒的同时，可用磺胺二甲基嘧啶，按0.1%~0.05%混入饮用水，连服2~4天；磺胺喹噁啉，按0.05%~0.1%混入饲料，饲喂2~3天，停3天；磺胺二甲氧嘧啶，按0.1%混入饮水，连用6天；磺胺氯吡嗪（三字球虫粉），按0.03%混入饮用水；百球清（2.5%溶液）；按1升水中用药1毫升量混入饮用水，自由饮用；也可用盐酸氨丙啉或地克珠利。

（4）制定严格的管理制度，加强对土鸡的饲养管理 为了加强土鸡疫病的预防和控制，特指定本制度并严格执行。

① 严格执行畜牧兽医部门的动物防疫法及有关畜禽防疫卫生条例。

② 当场内或附近出现烈性传染病或疑似烈性传染病病例时，立即采取隔离封锁，并向兽医业务部门报告。

③ 饲养员每天观察鸡群，每天早晨放牧后到鸡舍角落等偏僻处查看有无离群独居、精神不好的鸡，发现后立即淘汰。对鸡病应做到早预防、早发现、早治疗。对淘汰鸡进行无害化处理，即离饲养产地3千米以外定点深埋。

④ 定期检查鸡舍、用具、隔离舍和鸡场环境卫生和消毒情况。生产区一周消毒一次，工作区和周围环境二周彻底消毒一次。任何其他禽及其禽产品不得带入生产区。

⑤ 不饲喂霉变和过期的饲料，饲料中不得添加国家禁止使用的药物或添加剂。饲料最好来自农家生产的玉米、水稻、小麦、黄豆等无农药残留的生态饲料，以及果树林木和茶园里的蚯蚓等天然虫子。

5. 放养土鸡的免疫途径有哪些？

（1）滴鼻、点眼或滴口法　常用于雏鸡，通过黏膜吸收，刺激机体局部或全身产生抗体，多适用于弱毒活疫苗。

疫苗稀释方法：采用 30 毫升专用滴瓶或眼药水瓶，先将疫苗瓶中注入半瓶稀释液，轻轻摇动，待疫苗全部溶解混匀后再倒入专用滴瓶里，并注入一定量的稀释液。一般每只鸡按 0.03~0.04 毫升计算，也就是 1 000 只鸡要用稀释液 30~40 毫升。

使用时，一方面要选择没有刺激性的疫苗，严格掌握剂量，另一方面要确保免疫效果，即滴鼻、点眼后应停留片刻，使疫苗真正被吸收后再放开。

（2）饮水免疫　该方法多适用于弱毒疫苗，优点是使用方便，安全性好。一般使用剂量应为注射量的 2~3 倍。

注意要点：饮水免疫前，停水 3~4 小时（以不同季节和气候而定），以保证鸡群有较强的渴欲，在 1~2 小时内把疫苗饮完。

疫苗应现用现配，稀释疫苗用水量要适当。正常情况下，每 1 000 只鸡 2~15 日龄用水 8 升，16~30 日龄 15 升，31~60 日龄 30 升，61~120 日龄 45 升，120 日龄以上 50 升。

水槽数量应充足，可供给全群的鸡同时饮水。应避免使用金属容器，防疫前不能消毒但要清洗干净，不含饲料和粪便等杂物。

水中不含氯等杀菌物质，盐碱含量高的水应煮沸、冷却，待杂质沉淀后再用。并在疫苗水中加入 0.3%~0.5% 的脱脂奶粉，可保护疫苗效价。

（3）注射接种　皮下或肌内注射接种疫苗产生作用快，效果确实。适用于油乳剂或氢氧化铝胶佐剂等疫苗。注射时需正确选择部位，准确掌握接种剂量。

颈部皮下注射法：用左手拇指和食指将雏鸡颈背部皮肤轻轻捏

住，提起，右手持注射器将针头刺入皮肤与肌肉之间，注入疫苗液。

肌内注射法：注射部位为胸部或腿部，注射器与胸骨或腿骨成平行方向，针头成30°角插入肌肉。操作时应勤换针头，建议每50~100只鸡换一个，防止交叉感染。

（4）翼下刺种法　主要用于鸡痘的免疫接种。将疫苗用生理盐水按一定倍数稀释，用接种针或蘸水笔蘸取疫苗，刺种于鸡翅膀内侧无血管处。

（5）气雾免疫接种　该方法简便、快捷，特别适合于大型集约化养殖场，应严格掌握所用疫苗剂量和雾粒大小，以确保免疫效果和不诱发呼吸道疾病。山地养鸡设施简陋、卫生条件差不建议使用该免疫方法。

不同的疫苗采用不同的免疫方法，可产生不同的效果。即使是同一种疫苗，用不同的免疫途径接种，产生的免疫效果也不同。一般认为气雾比滴口鼻、点眼途径免疫力强，持续时间长，滴口鼻、点眼比饮水免疫保护力好，滴口鼻、点眼和肌内注射效果相似，注射效果确实。

6. 如何抓好放养土鸡的免疫接种和预防性投药？

（1）制定科学的免疫程序　根据当地疫情流行情况，制定适宜当地放养的免疫程序，通过免疫的鸡群，对某种疫病具有高度、持久、一致的免疫力，可有效地防止疫病的发生。但是，没有一个程序是永久不变的，也没有一个程序可供所有放养土鸡照搬照抄使用。必须根据自己的实际情况，灵活制定。

（2）严格保存和使用疫苗　疫苗要低温下运送和保存，尽快投入使用，缩短保存期；免疫时要严格按免疫操作规程，免疫前后2天，禁止使用消毒剂；饮水免疫时，先给鸡停止饮水2~4小时后，再稀释疫苗，稀释后尽快使用完，未使用完的弃之不用；除厂家生产的疫苗外，一般不能随便将两种疫苗混合使用；两种疫苗接种的间隔时间要保持在一星期，以减少疫苗的相互干扰。

（3）适时断喙和驱虫　土鸡有相互啄斗习性，20~30日龄为高峰，雏鸡6~10日龄时断喙，减少饲料浪费和防止恶癖。由于放牧接触虫卵机会多，易患寄生虫病，特别是要重视球虫病的防治。可使用左旋咪唑或丙硫咪唑等广谱驱虫药或者国内最好的虫力黑驱虫。下午喂料时把药片研成粉料，先用少量饲料拌匀，再与全部饲料拌匀，喂饲。次日早晨要检查鸡粪，看是否有虫体排出，再把鸡粪清除干净，以防鸡只啄食虫体。如发现鸡粪里有成虫，次日晚餐可以用同等药量驱虫1次，彻底将虫驱除。球虫病的防治可用磺胺氯吡嗪钠。

（4）合理及时防病治病　注意观察鸡群的生产状况，详细观察记录鸡群的采食、饮水、精神、粪便、呼吸、睡态等状况。通过观察记录分析，发现问题及时采取措施。

按鸡的日龄，控制适宜饲养密度、温度、光照、通风等；鸡舍冬天要保温，防止贼风吹入，避免使鸡因体能大量消耗而多食饲料；夏季要防暑降温，防止热应激。

在林果树喷药防治病虫害时，应先驱赶鸡群到安全处避开。一般雨天可避开2~3天，晴天3~6天，以防鸡只食入喷过农药的树叶、青草等中毒。

当发现病鸡时，应及时隔离和治疗，并对受危害及受威胁的鸡群及时投服预防药物。药物要选择高效、无毒、无残留，并选择正规渠道、信誉好的药店购买正规厂家的兽药；一种药能防治，不能乱用多种，防止配伍不当，既浪费药费，又影响防治效果。

对来势猛、危害大的疫病，及时向畜牧部门汇报，并送检病料查明病原。根据疫病的发展情况，对受威胁而又未发病的其他鸡群采用有效的疫苗，进行紧急接种防疫。

7. 生态放养土鸡时如何防治寄生虫病？

在土鸡放养的前、中、后期，积极的预防是防止寄生虫病的关键。具体措施如下：

（1）搞好鸡的驱虫工作　肉鸡在放养之前一个月，进行第一次驱虫；放养之后15~20天进行第二次驱虫；以后每隔1~2个月驱虫一次，直到上市销售为止。

（2）粪便处理　经常清扫仔鸡栖息舍内的粪便及垫草，并定点堆积发酵，以杀死虫卵。

（3）加强饲养管理 保持鸡舍干燥、通风，定期彻底消毒；经常观察鸡群动态，做到"早发现，早治疗"；防止仔鸡遭受雨淋与兽害；合理调整精料的质与量，增强机体的抵抗力。

一旦发现寄生虫病例后，要及时采取治疗措施。可选用丙硫苯咪唑10~20毫克/千克体重，拌料饲喂。

8. 鸡群发病有哪些征兆？

在养鸡过程中，鸡只在感病后至表现出典型临床症状前，常会出现轻微的发病征兆，那么如何做到早发现这些轻微征兆呢？

（1）早起开灯看鸡群 早起开灯后，健康鸡群见到饲养员，发出"嘎嘎"的叫声，表现出急待吃食的样子。如开灯后笼内鸡只出现懒惰卧笼不动，闭眼打瞌睡，头埋到翅膀下或站立发呆，两翅下垂，羽毛膨松，说明鸡已发病。

（2）观鸡粪 早起观察鸡粪便，健康鸡排出的粪便是条状或团状，并有少量的尿酸盐覆盖。如发病会出现拉稀，肛门周围羽毛污染发湿，病鸡粪便颜色呈现绿色、黄色或白色，则说明鸡群发病。

（3）观察鸡采食 健康鸡在喂料时表现活泼好动，食欲旺盛，整个鸡舍一片"嘎嘎"的唱料声。如鸡发病，则精神沉郁，食欲降低，吃料减少，食槽内顿顿剩料。

（4）观察产蛋 每天要观察和监测蛋鸡产蛋时间和产蛋率。同时，还需检查产蛋破损率和蛋壳质量变化。

（5）晚上听鸡舍动静 晚上关灯后，夜深人静、噪声小时到鸡舍听声音，健康鸡只关灯后半小时休息，安静无声。如果听到发出"咕咕"声或"呼噜呼噜"声、咳嗽喘息声、尖叫声时，应考虑可能是传染性疾病和细菌性疾病。

9. 如何观察群体健康状况？

群体健康状况检查的目的主要在于掌握鸡群的基本状况。在养鸡生产中必须经常深入鸡舍，详细查看鸡群的健康状况，以便及时发现问题，采取相应措施，确保鸡群的健康生长。

在群体检查时，首先在鸡舍前边直接观察大群情况，然后进入鸡舍对整个鸡群检查，主要观察鸡群精神状态、运动状态、采食、饮水、粪便、呼吸以及生产性能等。

在进入鸡舍后，可以轻轻地敲击铁桶等物品使发出突然的响声，此时如全群精神状况良好，则所有鸡只会停止采食、饮水和走动，凝视片刻，而病鸡则对声响毫无反应，闭目昏睡。

看看无反应或反应迟钝的病鸡占多少比例，可以粗略了解疾病的严重程度。

也可以拿一条小棍子，在鸡舍内边走边慢慢驱赶鸡只，健康的鸡只在你靠近之前早已走得远远的，而病鸡则走动笨拙或根本无反应。

也可以在早晨添加饲料和饮水时观察鸡群的状况，健康的鸡群在添加饲料时都拥挤到食槽边争食饲料，而病鸡对饲料毫无兴趣，呆立不动或啄食一下，停很久再啄一下。

在了解鸡群大体状况后，再作进一步仔细的观察，看看是否有异常。

10. 如何检查鸡只个体健康状况？

对有病鸡群的个体有两种检测方式，一种是对一定数量的病鸡逐只检查；另一种是随机拦截一小群逐只检查，记录结果，做统计，看看有某种症状病鸡的总数和所占比例，这对疾病的初步诊断很有好处。

鸡群观察时首先经过群体观察的鸡群，挑选出具有特征病变的个体做个体检查，个体检查除对食欲、饮水、粪便检查外，还要检查体温、呼吸系统、外观（冠部、眼部、鼻腔、口腔、皮肤及羽毛、颈部、胸部、腹部、腿部）等。

11. 尸体剖检的目的是什么？

随着养鸡业的发展，鸡病的发生频率越来越高，种类越来越多，迫切需要提高诊治水平，尸体剖检是诊断鸡病，指导治疗的重要手段之一。

（1）验证临床诊断和治疗的正确性　鸡发生疾病时，除少数疾病外，临床症状多表现相似，没有什么特征症状，只靠临床表现较难确定何种疾病，尸体剖检可以通过直接观察各种疾病时所表现的病理变化，结合临床症状对疾病作出初步诊断，有的可以确诊。通过病理变化进一步推断疾病的发生、发展和转归，从而检验治疗效果。

（2）预防疫病的暴发　在养鸡场中，建立常规的尸体剖检制度，每日剖检病、残、死鸡尸体，可以及时发现鸡群中存在的问题，采取防治措施，防止疾病的暴发和蔓延。

12. 对鸡进行尸体剖检有哪些要求？

（1）正确掌握和运用尸体剖检方法　如果掌握的方法不熟练，操作不规范，不按剖检顺序操作，乱切乱割，结果找不到病因，查不明病变，造成错误诊断，贻误防治时机。

（2）严格消毒，防止疾病散播　在剖检中必须注意严格的消毒，如果消毒不严格，尸体处理不当，剖检地点不合适，不仅造成疫病散播而且引起自身的感染，所以，尸检时要有防护措施。

（3）剖检的鸡要有代表性　我们诊断的是一群鸡的发病情况，剖检的鸡要有代表性，即能代表目前鸡群中主要疾病。一些弱残鸡没有代表性，仅是个案，不能代表大群鸡发病情况。因此，为了诊断的准确性，病理解剖应有一定的数量，一般应解剖5~10只病死鸡，必要时也可选择解剖一些处于不同病程的病鸡，然后统计、分析和比较病理变化。

（4）反复联系　在病理剖检时，既要不断地将已发现的病理变化与可能有这一病理变化的鸡病联系起来，还要不断地将病理变化与已观察、了解到的主要临床症状、鸡群发病情况联系起来，然后对几种类似的疾病反复进行肯定、否定、进一步肯定、进一步否定的鉴别诊断过程，使疾病初步诊断结果越来越明朗。

（5）最后诊断　将收集到的第一手资料，即疾病的流行病学、临床症状和病理剖检综合分析、判断，对有类似症状、病变的相关疾病，通过流行病学、临床症状和剖检变化等几方面进行鉴别诊断，最后做出临床诊断。

13. 尸体剖检前应做哪些准备？

（1）剖检地点 养鸡场应建立尸体剖检室，剖检室应建筑在远离生产区和生活区的下风方向，供水和排水方便，剖检室内光线要充足，建筑材料应便于洗刷和消毒，污水须经严格的消毒后才可排放。剖检室内应设置剖检台，其大小，高低以便于工作为度，建筑材料应耐腐蚀，便于洗刷和消毒。

养鸡场无尸体剖检室，尸体剖检应选择在比较偏僻的地方，尽可能远离生产区、生活区、公路、水源。以免剖检后，尸体的粪便、血污、内脏、杂物等污染水源、河流或由于人来车往等散播病原，导致疫病散播。

（2）剖检用具 对于鸡的尸体剖检，一般情况下，有剪子、镊子即可。根据需要还可准备骨剪，手术刀、标本缸、广口瓶、福尔马林等，其他的如工作服、胶靴、围裙、橡胶手套、肥皂、毛巾、水桶、脸盆、消毒剂等。

（3）尸体处理设施 有条件的鸡场应建筑焚尸炉或尸体发酵池，以便处理剖检后的尸体，其地址的选择既要防止病原污染环境，又要使用方便。无条件的鸡场对剖检后的尸体要焚烧或深埋。

（4）其他设施 根据鸡场的规模、任务的大小和条件，还可设立准备室、洗澡更衣室。

14. 鸡的尸体剖检要注意哪些问题？

① 工作人员在剖检前应穿戴好工作服、胶靴、围裙、套袖、橡胶手套、帽子和口罩，作好自身防护。

② 剖检人员应严肃认真地检查病变，切勿草率从事。如需要进一步检查病原病理变化，应取材送检。

③ 检查脏器断面，要自前向后一刀切下，不要来回拉锯样的切割，以免切面参差不齐，影响细微病变的观察。

④ 未经仔细检查各相连的组织前，不可随便切断，破坏其联系，更不可在腹腔内切断管状脏器（肠道，输卵管等）造成其他脏器污染，给病原分离带来困难。

⑤ 在剖检中，如工作人员不慎割破自己的皮肤，应立即停止工作，先用清水冲洗，挤出污血，涂上碘酒，包敷纱布和胶布。若检中的液体（血液、分泌物、污水等）溅入眼内时，先用清水冲洗，再用20%硼酸水冲洗。

⑥ 剖检后，所用的工作服，胶靴等防护用具应及时冲洗、消毒。提倡使用一次性防护服。剖检用具要刷洗干净，消毒后保存。剖检人员要洗手、洗脸，用75%酒精消毒，如手仍有残留脓、粪等恶臭气味时，可用温的、较浓的高锰酸钾溶液浸泡，用20%草酸溶液洗手，褪去紫色，再用清水冲洗。

15. 尸体剖检包括哪些内容？怎样进行检查？

鸡的尸体剖检内容包括：了解死鸡的一般状况，外部检查和内部检查。

（1）了解死鸡的一般状况　除知道鸡的品种、性别和日龄外，还要了解鸡群的饲养管理、饲料、产蛋、免疫。用药发病经过，临床表现及死亡等情况。

（2）外部检查

① 察看全身羽毛的状况，是否有光泽，有无污染、蓬乱、脱毛等现象（图7-1）。

② 察看泄殖腔周围的羽毛有无粪便沾污，有无脱肛、血便（图7-2）。

③ 察看营养状况（图7-3）和尸体变化（尸冷、尸僵、尸体腐败），皮肤有无肿胀和外伤。

④ 察看关节及脚趾有无肿胀等异常，骨骼有无增粗和骨折。病毒性关节炎可导致跗关节肿胀（图7-4、图7-5）。

图 7-1　羽毛状况

图 7-2　泄殖腔周围羽毛情况

图 7-3　因肾型传染性支气管炎死亡的鸡，尸体消瘦，脱水

图 7-4　病毒性关节炎导致的
跗关节肿胀

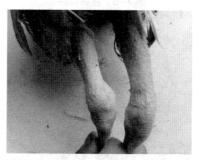

图 7-5　病毒性关节炎导致的
跗关节肿胀

⑤ 察看冠和髯的颜色、厚度，有无痘疹，脸部和颜色及有无肿胀（图 7-6、图 7-7）。

图 7-6　查看鸡冠情况

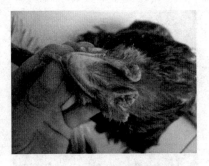

图 7-7　鸡痘导致肉髯长满痘疮

⑥查看口腔和鼻腔有无分泌物及其性状，两眼的分泌物及虹彩的颜色（图 7-8、图 7-9、图 7-10、图 7-11）。

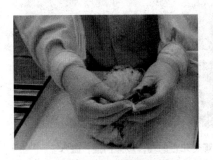

图 7-8　查看口腔

图 7-9　查看鼻腔

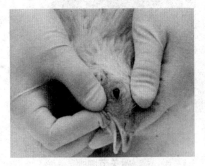

图 7-10　查看虹彩

图 7-11　查看两眼分泌物

⑦最后触摸腹部是否变软或有积液（图 7-12、图 7-13）。

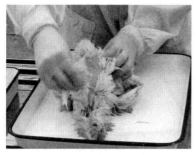

图 7-12　触摸腹部情况　　　　　图 7-13　查看腹部是否有积液

（3）内部剖检　剖检前，最好用水或消毒液将尸体表面及羽毛浸湿，防止剖检时有绒毛和尘埃飞扬（图 7-14）。

① 皮下检查。尸体仰卧（即背位），用力掰开两腿，使髋关节脱位，固定鸡尸体（图 1-15）。

图 7-14　用水或消毒液浸湿羽毛　　　图 7-15　固定尸体

手术剪剪开腿腹之间的皮肤，两腿向后反压，直至关节轮和腿肌暴露出来。观察腿肌是否有出血等现象（图 7-16、图 7-17）。

在胸骨嵴部纵行切开皮肤（图 7-18），然后向前、后延伸，剪开颈、胸、腹部皮肤，剥离皮肤，暴露颈、胸、腹部和腿部肌肉（图 7-19），观察皮下脂肪含量，皮下血管状况，有无出血和水肿；观察胸肌的丰满程度，颜色，胸部和腿部肌肉有无出血和坏死，观察龙骨是否弯曲和变形。

图 7-16　剪开腿腹之间的皮肤

图 7-17　暴露关节轮和腿肌并检查

图 7-18　在胸骨嵴部纵行切开皮肤

图 7-19　暴露颈、胸、腹部和腿部肌肉

　　检查颈椎两侧的胸腺大小及颜色，有无出血和坏死（图 7-20）；检查嗉囊是否充盈食物，内容物的数量及性状（图 7-21）。

图 7-20　胸腺检查

图 7-21　嗉囊检查

② 内脏检查。在后腹部，将腹壁横行切开（或剪开），顺切口的两侧分别向前剪断胸肋骨，乌喙骨和锁骨，掀除胸骨、暴露体腔（图7-22、图7-23）。注意观察各脏器的位置、颜色。浆膜的情况（是否光滑、有无渗出物及性状，血管分布状况），体腔内有无液体及其性状，各脏器之间有无粘连。

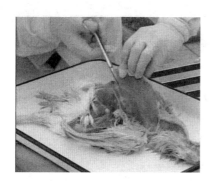 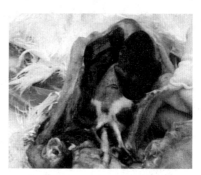

图 7-22　剪断肋骨等　　　　　　　图 7-23　暴露并观察体腔

检查胸、腹气囊（图7-24）是否增厚、混浊、有无渗出物及其性状，气囊内有无干酪样团块，团块上有无霉菌菌丝。

图 7-24　检查气囊情况

检查肝脏大小、颜色、质度（图7-25），查看边缘是否钝，形状有无异常，表面有无出血点，出血斑，坏死点或大小不等的圆形坏死灶。

在肝门处剪断血管，再剪断胆管、肝与心包囊、气囊之间的联系，取出肝脏。纵行切开肝脏，检查肝脏切面及血管情况（图7-26），肝脏有无变性，坏死点及肿瘤结节。检查胆囊大小，胆汁的多少，颜色，黏稠度及胆囊黏膜的状况。

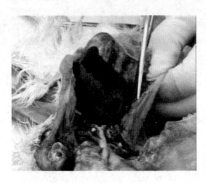

图 7-25　肝脏检查

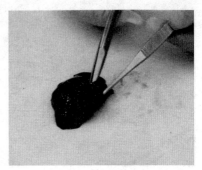

图 7-26　肝脏切面检查

在腺胃和肌胃交界处的右方，找到脾脏。检查脾脏的大小，颜色，表面有无出血点和坏死点，有无肿瘤结节。剪断脾动脉取出脾脏，将其切开，检查淋巴滤泡及脾髓状况（图7-27、图7-28）。

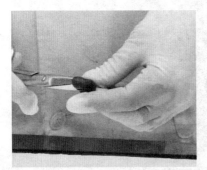

图 7-27　切开脾脏

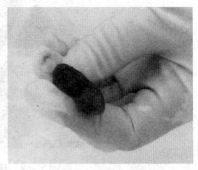

图 7-28　检查脾脏状况

在心脏的后方剪断食道（图7-29），向后牵拉腺胃，剪断肌胃与其背部的联系，再顺序地剪断肠道与肠系膜的联系，在泄殖腔的前端剪断直肠，取出腺胃、肌胃和肠道（图 7-30）。检查肠系膜是否光滑，有无肿瘤结节。

图 7-29　剪断食道

图 7-30　取出腺胃、肌胃和肠道

　　剪开腺胃、检查内容物的性状，黏膜及腺乳头有无充血和出血，胃壁是否增厚，有无肿瘤（图 7-31）。观察肌胃浆膜上有无出血，肌胃的硬度，然后从大弯部切开（图 7-32），检查内容物及角质膜的情况。

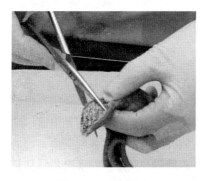

图 7-31　腺胃检查

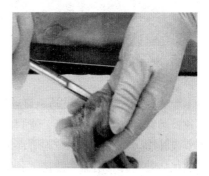

图 7-32　切开肌胃

　　撕去肌胃角质膜（图 7-33），检查角质膜下的情况（图 7-34），看有无出血和溃疡。

图7-33 撕去肌胃角质膜

图7-34 肌胃角质膜下检查

查看夹在十二指肠中间的胰腺的色泽（图7-35），有无坏死、出血。温和型禽流感可出现胰腺表面灰白色坏死点，胰腺边缘出血（图7-36）。

图7-35 胰腺检查

图7-36 胰腺边缘出血

从前向后，检查小肠、盲肠和直肠（图7-37~图7-42），观察各段肠管有无充气和扩张，浆膜血管是否明显，浆膜上有无出血、结节或肿瘤。然后沿肠系膜附着部纵行剪开肠道，检查各段肠内容物的性状，黏膜有无出血和溃疡，肠壁是否增厚，肠壁上的淋巴集结和盲肠起始部的盲肠扁桃体是否肿胀，有无出血、坏死，盲肠腔中有无出血或土黄色干酪样的栓塞物，横向切开栓塞物，观察其断面情况。

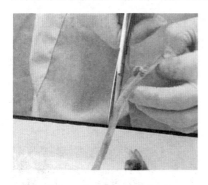

图 7-37 小肠检查（1）

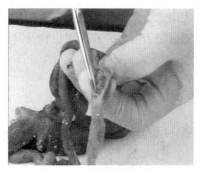

图 7-38 小肠检查（2）

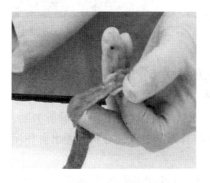

图 7-39 小肠检查（3）

图 7-40 剪断直肠

图 7-41 直肠检查

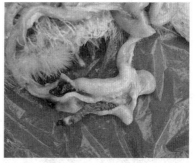

图 7-42 盲肠检查

　　将直肠从泄殖腔拉出，在其背侧可看到腔上囊（图 7-43），剪去与其相连的组织，摘取腔上囊。检查腔上囊的大小，观察其表面有无出血，然后剪开腔上囊（图 7-44）检查黏膜是否肿胀，有无出血，皱襞是否明显，有无渗出物及其性状。

图 7-43　腔上囊检查

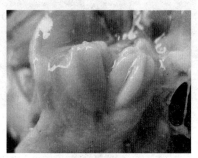

图 7-44　腔上囊内部检查

纵行剪开心包囊，检查心囊液的性状，心包膜是否增厚和混浊；观察心脏外形，纵轴和横轴的比例，心外膜是否光滑，有无出血，渗出物，尿酸盐沉积，结节和肿瘤，随后将进出心脏的动、静脉剪断，取出心脏（图 7-45），检查心冠脂肪有无出血点，心肌有无出血和坏死点（图 7-46）。

剖开左右两心室（图 7-47），注意心肌断面的颜色和质度，观察心内膜有无出血。

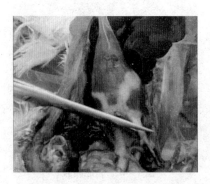

图 7-45　取出心脏

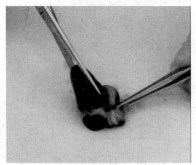

图 7-46　心脏检查

图 7-47　心室检查

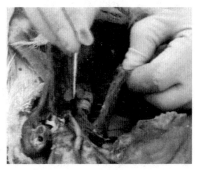

图 7-48　从肋骨间挖出肺脏

从肋骨间挖出肺脏（图7-48），检查肺的颜色和质度，有无出血、水肿、炎症、实变、坏死、结节和肿瘤（图7-49）。禽流感可引起肺脏瘀血、水肿、发黑（图7-50）。

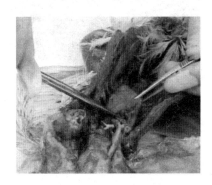

图 7-49　检查肺的颜色和质度

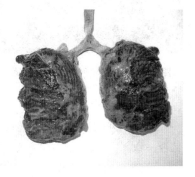

图 7-50　禽流感可引起肺脏瘀血、水肿、发黑

切开肺脏，观察切面上支气管及肺泡囊的性状（图7-51、图7-52）。

检查肾脏的颜色、质度、有无出血和花斑状条纹、肾脏和输尿管有无尿酸盐沉积及其含量。因肾型传染性支气管炎导致的鸡的肾脏肿大，花斑肾（图7-53），输尿管内大量尿酸盐沉积（图7-54）。

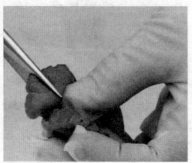

图 7-51 肺脏检查（1）

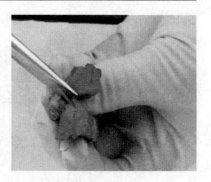

图 7-52 肺脏检查（2）

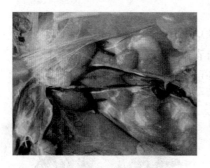

图 7-53 鸡的肾脏肿大，花斑肾

图 7-54 输尿管内大量尿酸盐沉积

　　检查睾丸的大小和颜色（图 7-55），观察有无出血、肿瘤、两者是否一致。

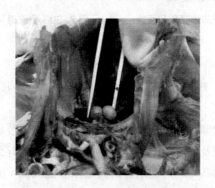

图 7-55 公鸡睾丸的检查

检查母鸡卵巢发育情况，卵泡大小、颜色和形态，有无萎缩、坏死和出血，卵巢是否发生肿瘤，剪开输卵管，检查黏膜情况，有无出血及涌出物。禽流感可导致母鸡卵泡出血，呈紫黑色（图 7-56、图 7-57）。

图 7-56 卵泡出血

图 7-57 卵泡呈紫黑色

③ 口腔及颈部器官的检查。在两鼻孔上方横向剪断鼻腔，检查鼻腔和鼻甲骨（图 7-58），压挤两侧鼻孔，观察鼻腔分泌物及其性状。

图 7-58 鼻腔和鼻甲骨检查

剪开一侧口角，观察后鼻孔、腭裂及喉头（图 7-59），黏膜有无出血，有无伪膜，痘斑，有无分泌物堵塞。

剪开喉头、气管和食道（图 7-60），检查黏膜的颜色，有无充血和出血，有无伪膜和痘斑，管腔内有无渗出物，黏液及渗出物的性状。

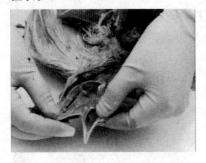

图 7-59　后鼻孔、腭裂及喉头检查

图 7-60　喉头、气管和食道检查

④ 脑部检查。切开顶部皮肤，剥离皮肤，露出颅骨（图 7-61），用剪刀在两侧眼眶后缘之间剪断额骨，再从两侧剪开顶骨至枕骨大孔，掀去脑盖，暴露大脑、丘脑及小脑（图 7-62）。观察脑膜有无充血、出血、脑组织是否软化等。

图 7-61　剥离皮肤，露出颅骨

图 7-62　脑部检查

16. 鸡在临床用药时应注意什么?

（1）鸡一般采用群体给药　要特别注意剂量，给药次数和疗程，在剂量上一般应按其体重来推算，减小误差，掌握准确的用药剂量，如果是驱虫药一次即可达到治疗目的，但对多数药物来说，必须重复给药才能达到疗效，为了维持药物在体内的有效浓度又不致出现毒性反应，要特别注意给药次数和间隔时间。多数药一天给 1~2 次，疗程 3~5 天。

（2）注意饲料或饮水时药物添加标量的换算　3~4 周龄的雏鸡 24 小时平均饮水量为体重的 18%~20%，因此，如果雏鸡使用一种药物口服量为每千克体重 12 毫克，每日 2 次，换算成饮水给药，即一天每只鸡每千克体重用药量为 24 毫克，相当于 200 毫升水中加入其药物 24 毫克，生产中饮水量与饲料量的比例为 2：1，即加到饲料中的药物应为饮水浓度的 2 倍。

（3）适时停药　鸡一般在宰前 10 天左右停止给药，以保证产品中无药物残留。

（4）安全用药　鸡没有胆酯酶储备，所以对抗胆碱酯酶药如有机磷酸酯类非常敏感，所以驱线虫时应选用左旋咪唑、苯并咪唑类安全性较好的药物。禁用敌百虫。

（5）鸡无汗腺　高温季节热应激时，应加强物理降温、以防中暑，也可在饮水中加入维生素 C 或多种维生素溶液，减少应激，另外鸡不会呕吐，因此中毒时用催吐药无效，有机磷药物中毒时可使用双复磷，同时灌服 0.1%~0.2% 高锰酸钾。

（6）产蛋期慎用药物

① 磺胺类药物。如磺胺嘧啶、磺胺噻唑、复方新诺明等，这类药物抗菌谱广，效力稳定，使用方便，价格低廉，常用于防治鸡白痢、球虫病、盲肠炎及其他细菌性疾病，但对产蛋具有抑制作用，不能用于产蛋鸡。

② 丙酸睾丸素。为雄性激素，主要用于抱窝鸡醒抱，但醒抱后须立即停用，否则会抑制母鸡排卵，影响产蛋。

③ 呋喃类药物。此类对沙门氏杆菌引起的下痢性疾病疗效显著，但具有抑制产蛋的副作用，不宜在产蛋期使用。本类药物中的呋喃唑酮（痢特灵）、呋喃它酮、呋喃苯烯酸钠禁用。

④ 金霉素。对消化道有刺激作用，损害肝脏，能与血钙结合形成难溶性的钙盐排出体外，阻碍蛋壳形成，使产蛋率下降。

⑤ 新斯的明。影响子宫机能，造成蛋壳变薄，产软壳蛋。

⑥ 肾上腺素。可使正常鸡推迟产蛋。

⑦ 氨茶碱。具有松弛平滑肌的作用，可解除支气管平滑肌痉挛

而产生平喘作用，主要用于缓解鸡呼吸道传染病引起的呼吸困难，产蛋鸡用药后会使产蛋量下降，虽停药后可恢复，但生产上还是以不用为好。

（7）注意配伍禁忌　为了提高药效，常将两种以上的药物配伍使用，但如果配伍不当，则可能出现疗效减弱或毒性增加的变化，称为配伍禁忌。因此在临床中应彻底了解所用药物的特性和使用特点，不能胡乱搭配，以免引起不良后果。

17. 安全使用兽药要注意哪些问题？

① 禁止将原料药直接添加到饲料及动物饮用水中或直接饲喂动物。

② 禁止将人用药品用于动物。

③ 禁止销售含有违禁药物或兽药残留量超过标准的食用动物产品。

④ 禁止使用假劣兽药以及国务院兽医行政管理部门规定禁止使用的药品和其他化合物（详见农业部公告第 193 号《食品动物禁用的兽药及其他化合物清单》）。

⑤ 有休药期规定的兽药用于食用动物时，饲养者应当向购买者或屠宰者提供准确、真实的用药记录。

⑥ 购买者或者屠宰者应当确保动物及其产品在用药期和休药期内不被用于食品消费。

⑦ 禁止在饲料和动物饮用水中添加激素类药品和国务院兽医行政管理部门规定的其他禁用药品（详见农业部公告第 176 号《禁止在饲料和动物饮用水中使用的药物品种目录》）。

⑧ 经批准可以在饲料中添加的兽药，应当由兽药生产企业制成药物饲料添加剂后方可添加。

18. 如何饲养管理发病时的鸡群？

鸡群发病通常是采取隔离、淘汰或投药治疗。由于鸡群发病还会导致生理机能的障碍，以致对环境的适应能力，营养物质的需求，内分泌的调节都有一定的影响，如果此时通过特殊的管理措施，给予辅助治疗，将会收到事半功倍的效果。鸡群发病期间，应加强以下 3 方面的管理：

（1）饲料 鸡群发病往往导致体温升高，代谢紊乱，因此，要改变饲料中的营养物质及其含量和饲喂方法。一是要提高能量水平，根据采食量降低程度，能量水平提高到正常的 1.1~1.2 倍。二是要增加维生素含量。维生素 A、B 族可增加到正常量的 2~3 倍，维生素 E 可增加到正常量的 5~10 倍，还可加入适量的维生素 C 和 D_3。三是要适当降低饲料中的脂肪含量。四是要增加喂料设施的数量和饲喂的次数，如有可能可加颗粒饲料或把饲料拌湿饲喂，以刺激鸡的采食。五是要保持饲料及其设施的清洁卫生，防止霉变。

（2）饮水 水是机体代谢不可缺少的重要物质。一般情况下，鸡群发病期间，对水的需求量都会明显增加。因此，鸡群发病期间更要保证供给鸡群充足而清洁的饮水。如果在水中投药，要做到 3 点：① 要投入易溶解的药物，不易溶解的药物要通过搅拌、加温等方式，待其充分溶解后再饲饮。② 要注意药物在饮水中的有效时间，保证鸡群在有效期内饮完。③ 为了提高饮水给药的药效，可在饮水前适当停水一段时间，但停水时间不宜过长。

（3）饲养 对发病鸡群先进行隔离观察，临时不再放养。加强鸡舍通风，勤打扫鸡舍，保持鸡舍空气清新，防止病情加剧、恶化。但在加强鸡舍通风的同时，秋、冬、春要密切注意鸡舍保温情况，严防冷风、贼风侵袭鸡群，使鸡患感冒而加重病情。夏季要注意搞好鸡舍降温防暑工作，防止鸡群发生热应激。发病期间，不要进行气雾免疫，尽量减少带鸡消毒次数。待确诊后对鸡群进行相应治疗，及时淘汰重病鸡，防止病情扩散蔓延，减少疾病的传播概率，最大限度地减少经济损失。

19．如何诊断放养土鸡新城疫？

新城疫俗称"鸡瘟"，又叫亚洲鸡瘟、伪鸡瘟。是由新城疫病毒引起的一种急性高度接触性传染病，是散养土鸡必须预防的疾病之一。该病毒广泛存在于病鸡的组织器官、体液、分泌物、排泄物中。该病毒对消毒剂、高温抵抗力不强，一般的消毒剂都可以将其杀灭，但该病毒在低温环境中可以存活很长时间，冷冻鸡在两年后还可以检测到该病毒。该病的感染渠道较广，可经呼吸道、消化道、损伤皮肤和泄殖腔黏膜。鸡易感本病，但不发病的其他鸡类、鸟类也可以带毒传播。污染的环境和带毒的鸡类是引起本病流行的重要原因。本病全年均可发生，以春秋居多。要从以下方面诊断。

（1）临床症状　潜伏期一般3~15天，或者更长，根据临诊表现和病程长短可以分为最急性、急性、慢性。

最急性型：常突然发病，往往看见很正常的鸡群，突然发现死亡，没有任何特殊的前征兆，多见于流行初期和雏鸡。

急性型：表现为呼吸道、消化道、神经系统异常。常表现为体温升高，采食减少，饮水增加。羽毛松乱、垂头缩颈，精神不振，状似昏睡（图7-63），鸡冠和肉髯颜色逐渐变暗。病鸡呼吸困难，咳嗽、流鼻涕，常发出"咯咯"的喘鸣声或者怪叫。嗉囊积液，倒提鸡时常从口角流出大量的酸臭的暗色液体。下痢，呈黄绿色或黄白色，有时混有少量血液，后期排出蛋清样排泄物。部分病例常出现神经性症状，表现为翅、腿麻痹，不易站立。育雏期的雏鸡往往不表现明显症状，但死亡率非常高。成年产蛋鸡产软壳蛋或者产蛋下降可达15%~35%。

图7-63　新城疫病鸡

慢性型：也叫亚急性型，初期症状与急性型相似，但随后减轻。耐过的鸡常表现出神经症状，如翅膀麻痹、跛行，常原地转圈，或者头颈向一侧扭转。还有一些鸡貌似健康，一旦遇到刺激源，比如惊吓、抢食、雷雨、噪声等，则出现头颈弯曲，全身抽搐，出现瘫痪或者半瘫痪，预后不良，病死率比较低。含有母源抗体的雏鸡群或者母源抗体水平较高的雏鸡群，当有新城疫病毒侵入时仍可以发生新城疫，但发病率较低。

（2）病理变化　根据临床表现可以分为典型性新城疫和非典型性新城疫。

典型性新城疫可见全身性败血症，全身黏膜、浆膜出血，以消化道、呼吸道最为明显。特征病变：腺胃乳头肿胀或者溃疡（图7-64），乳头间有明显的出血点，尤其在食管与腺胃交界处最为明显；十二指肠、小肠黏膜出血或者溃疡，有时可见到枣核状溃疡灶（图7-65）；盲肠扁桃体肿胀、出血、溃疡。气管出血或者坏死，周围组织发生水肿，有浆液性或者卡他性渗出物。产蛋鸡常发生卵黄性腹膜炎。

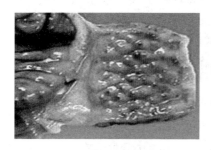 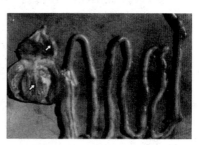

图7-64　腺胃乳头出血　　　　图7-65　肠枣核状出血坏死

非典型性新城疫一般无典型的临床症状和病理剖检变化，育成鸡多以呼吸道和消化道症状为主，表现为呼吸困难、咳嗽、打喷嚏，精神不振，采食量减少，排黄绿色或黄白色稀便，呈零星性死亡；成年产蛋鸡主要表现为产蛋下降和不同程度的呼吸道症状。剖检可见喉头和气管内有黏液，黏膜轻微的出血，直肠和泄殖腔黏膜轻微充血、出血，腺胃黏膜浑浊，乳头间偶有出血点，小肠有零星出血点，盲肠扁桃体红肿，卵泡充血、出血。

20. 怎样防治鸡新城疫？

目前本病尚无有效的治疗办法，预防本病是重点，常采取如下措施：

（1）杜绝病原侵入鸡群　建立健全严格的卫生防疫制度，防治一切带毒动物和污染物进入鸡场，不从疫区定购鸡苗，新购的鸡须接种新城疫疫苗隔离观察，证明健康者才可以合群。

（2）制定合理的免疫程序，有计划地对健康鸡群免疫接种　目前常用的疫苗有弱毒活苗Ⅱ系（HB1株）和Ⅲ系（F株）一般用于首免，采用点眼或者滴鼻，Ⅳ系（Lasota株）比Ⅱ系毒力稍强，一般用于二免，采取饮水免疫；Ⅰ系苗是中等毒力的活苗，现采用肌内注射，多为二免或二免以后使用；新城疫克隆30，其免疫效果与Ⅳ系苗相似而毒力较温和，从1日龄雏鸡至成年鸡均可使用，可滴眼、滴鼻、饮水或肌注，雏鸡首免应滴眼、滴鼻。

放养鸡一般在8~10日龄，用新城疫克隆30或Ⅳ系+H120滴鼻或饮水；30~35日龄，新城疫克隆30或Ⅳ系+传支H52滴鼻或饮水，或新城疫-传支二联灭活苗皮下或肌内注射；土蛋鸡在产蛋前2周还要皮下注射禽流感疫苗和产蛋下降综合征、新城疫、传染性支气管炎等联苗。

（3）定期消毒和严格检疫　鸡场、鸡舍和饲养用具要定期消毒；保持饲料、饮水清洁；新购进的鸡不可立即与原来的鸡合群饲养，要单独喂养半月以上，确认无病并接种疫苗后才能合群饲养。

（4）发生本病时的紧急处置　鸡群一旦发生了鸡新城疫，对病鸡应隔离淘汰，死鸡应深埋或焚烧。对尚未发病的鸡应紧急接种疫苗，以Ⅳ系苗为好，通常接种一周后就不再发生新的病鸡，疫病也就被控制住了。

21. 如何诊断鸡传染性支气管炎？

由传染性支气管炎病毒引起的鸡的一种急性、高度接触性呼吸道疾病。该病具有高度传染性，感染鸡生长受阻，耗料增加、产蛋和蛋质下降、死淘率增加，给养鸡业造成巨大经济损失。本病仅发生于鸡，各种年龄的鸡都可发病，但雏鸡最为严重。炎热、寒冷、通风不良、疫苗接种等应激因素均可促进本病的发生。主要传播方式是病鸡经空气飞沫传染给易感鸡，也可以通过饲料、饮器具等经消化道传播。本病无明显季节性，寒冷季节多发。可以依据临床症状和病理变化做出初诊。

（1）临床症状 潜伏期1~2天或更长，病鸡在没有任何前兆的情况下，突然出现呼吸道症状，并迅速波及全群。典型特征病鸡出现咳嗽、喷嚏和气管啰音。4周龄以下病鸡还表现伸颈、张口呼吸、全身衰弱，逐渐消瘦，康复鸡发育不良。成年鸡发生很轻微的呼吸道症状，产蛋鸡产蛋量减少，并产软壳蛋、畸形蛋。蛋的品质变差，如蛋白稀薄呈水样等。病程一般为1~2周，康复后的鸡具有免疫力。肾型毒株感染鸡，呼吸道症状轻微或不出现，或呼吸症状消失后，病鸡沉郁、持续排白色或水样下痢、迅速消瘦、饮水量增加。

（2）病理变化 主要是气管、支气管、鼻腔和窦内有浆液性、卡他性和干酪样渗出物，气囊可能混浊或含有黄色干酪样渗出物。病死鸡气管或支气管的后部分呈干酪性栓塞。产蛋鸡腹腔内可见液状卵黄物质，卵泡充血、出血、变形。18日龄以内幼雏，有的见输卵管发育异常，致使成熟期不能正常产蛋，常常出现"假母鸡"现象。肾型传支肾肿大出血，多数肾呈花斑肾，肾小管和输尿管有尿酸盐沉积。严重病例可见白色尿酸盐沉积于其他组织器官。

22. 如何防治鸡传染性支气管炎？

目前本病尚无特效治疗药物，应坚持预防为主，在搞好饲养管理，减少应激的前提下接种好疫苗。鸡舍要注意通风换气，防止过挤，注意保温，补充维生素和矿物质，增强鸡体抗病力；并严格执行卫生防疫措施。常用M41型的弱毒苗如H120、H52及其灭活油剂苗。一般认为M41型对其他型病毒株有交叉免疫作用。H120毒力较弱、对雏鸡安全；H52毒力较强、适用于20日龄以上鸡；油苗各种日龄均可使用。一般免疫程序5~7日龄用H120首免；25~30日龄用H52二免。注意使用弱毒苗应与新城疫弱毒苗同时或间隔10天再免疫，以免发生干扰作用。对肾型传支可使用弱毒苗Ma5，1日龄及15日龄各免疫一次。

发生本病后，应按照《中华人民共和国动物免疫法》规定，采取隔离、扑杀、消毒等措施。使用广谱抗生素和抗病毒中药，对防止继发感染有一定作用。

22. 如何诊断鸡传染性喉气管炎?

传染性喉气管炎是一种由传染性喉气管炎病毒引起的以呼吸道症状为主的急性传染病。其特征为呼吸困难、气喘、咳出含有血液的渗出物。传播快,死亡率较高。本病毒的抵抗力很弱,37℃存活22~24小时,但在13~23℃中能存活10天。对一般消毒剂敏感,如1.5%的碘伏1分钟即可杀死。本病主要侵害鸡,不同日龄的鸡都可感染,但成年鸡的症状最具有典型特征,其他鸡类,如:野鸡、山鸡、孔雀等也有感染情况发生。康复后的带毒鸡和病鸡是主要的传染源。病毒存在于气管和上呼吸道分泌液中,通过咳出血液和黏液而经上呼吸道传播,污染的垫料、饲料和器具等均可间接传播。当接种疫苗的鸡群与易感鸡进行长久接触时,也可感染本病。可以依据临床症状和病理变化做出初诊。

(1)临床症状 本病的潜伏期5~13天。病鸡采食量减少,迅速消瘦,其主要特征表现为呼吸道症状,呼吸时发出湿性啰音,咳嗽,有喘鸣音,病鸡吸气时头和颈部向前向上,张口尽力吸气。严重的病鸡,高度呼吸困难,可咳出带血的黏液。如果分泌物不能咳出,病鸡可能窒息死亡。产蛋鸡发病时产蛋量急剧下降或停止,康复后1~2个月才能恢复。根据发病表现可分为以下两种。

① 喉气管型。是高致病性病毒株引起的,病鸡咳嗽,表现痛苦,身体随呼吸呈波浪式起伏,抬头伸颈,并发出响亮的喘鸣声。病鸡摇头时,咳出血痰,常见血痰附着于鸡笼上。将鸡的喉头用手上顶,令鸡张口,可见喉头出血,并伴有泡沫状液体。若喉头被血液凝块堵塞,则病鸡会窒息死亡,死鸡一般体况较好,死亡时多呈仰卧姿势。

② 结膜型。低致病性病毒株引起,主要表现为眼结膜炎或者鼻炎,眼结膜红肿,并伴有流泪、流鼻涕。若伴有支原体混合感染,则眶下窦肿胀,甚至导致失明。产蛋鸡表现为产蛋率下降,沙皮蛋、软壳蛋增多。

(2)病理变化 本病比较缓和的病例,仅见结膜和窦内上皮的水肿及充血。急性典型病变在气管和喉部,初期黏膜充血、肿胀,进而变性、出血和坏死；气管含有血凝块或血黏液，气管管腔变窄，偶有黄白色纤维素性干酪样假膜。严重时支气管、肺和气囊等部发炎，甚至上行至鼻腔和眶下窦。

24．如何防治鸡传染性喉气管炎？

目前本病尚无特效治疗药物，坚持执行严格的卫生防疫措施是防止本病流行的有效方法。

（1）不接触来历不明的鸡 带毒鸡是本病的主要传染源之一。生态放养的土鸡，最好实行全进全出。不要随便把来历不明的新购进的鸡进行合群饲养。

（2）不随便使用疫苗 没有本病流行的地区最好不用弱毒疫苗免疫，更不能用自然强毒接种，因为弱毒疫苗可能会造成病毒的终生潜伏，偶尔活化和散毒，它不仅可使本病疫源长期存在，还可能散布其他疫病。

（3）在本病流行的地区可接种疫苗 目前使用的疫苗有两种，一种是弱毒苗，接种途径是点眼，但可引起轻度的结膜炎且可导致暂时的盲眼，如有继发感染，甚至可引起1%~2%的死亡。故有人用滴鼻和肌注法，但效果不如点眼好。另一种为强毒疫苗，只能作擦肛用，绝不能将疫苗接种到眼、鼻、口等部位，否则会引起疾病的暴发。擦肛后3~4天，泄殖腔会出现红肿反应，此时就能抵抗病毒的攻击。强毒疫苗免疫效果确实，但未确诊有此病的鸡场、地区不能用。一般首免可在4~5周龄，12~14周龄时再接种一次。

（4）对症治疗 对发病群投服抗菌药物，防止继发感染。中药喉症丸或六神丸对治疗喉气管炎有一定效果。每天1次，每天2~3粒/只，连用3~5天。可使用平喘药物缓解症状。

25．如何防控放养鸡低致病性禽流感？

禽流感由甲型流感病毒引起，一种严重的病毒性传染病，被感染的鸡发病率和死亡率都非常高，往往造成放养失败。

禽流感的血清型多种多样，但根据致病性分为高致病性和低致病性两种。高致病性禽流感，一般能引起高致病性的血清型为H5和

H7亚型。该病的传染途径是通过消化道、呼吸道、损伤的皮肤、眼结膜等。该病可以通过其他鸡类、鸟类传播，应该引起广大养殖户的注意。该病毒在低温和干燥的环境可以存活数月，在阳光直射下40~48小时可以灭活，对氯制剂敏感，多发于春秋季。一旦发现可疑高致病性禽流感，应立即上报当地畜牧兽医主管部门，待确诊后，由政府采取控制措施，养殖户不能私自采取任何措施。

低致病性禽流感又叫致病性禽流感、非高致病性禽流感或温和型禽流感，它是指某些致病性低的禽流感病毒毒株（如H9N2亚型）感染鸡引起的以低死亡率和轻度的呼吸道感染等临床症候群，其本身并不一定造成鸡群的大规模死亡。由于它们对鸡养殖和贸易的影响没有高致病性禽流感严重，因此没有被列为A类或B类疾病。但它感染后往往造成鸡群的免疫力下降，对各种病原的抵抗力降低，常常易发生并发或继发感染。当这类毒株感染伴随有其他病原的感染时，死亡率变化范围较广（5%~97%），往往造成很高的致死率。

损伤主要发生在呼吸道、生殖道、肾或胰腺。因此低致病性禽流感对肉鸡业的危害也很严重。因此，每次突然暴发的高死亡率疫病，往往就是低致病性禽流感。

（1）临床症状 低致病性禽流感因地域、季节、品种、日龄、病毒的毒力不同而表现出症状不同、轻重不一的临床变化。

① 精神不振，或闭眼沉郁，呆立一隅或扎堆靠近热源，体温升高，发烧严重鸡将头插入翅内或双腿之间，反应迟钝。

② 采食和饮水减少或废绝，拉黄白色带有大量泡沫的稀便或黄绿色粪便，有时肛门处被淡绿色或白色粪便污染。

③ 张口呼吸，呼吸困难，打呼噜，呼噜声如蛙鸣叫，此起彼伏或遍布整个鸡群，有的鸡发出尖叫声，甩鼻，流泪，肿眼或肿头，肿头严重鸡如猫头鹰状。病鸡多窒息蹦高而死亡，死态仰翻，两脚登天。

④ 鸡冠和肉髯发绀，鸡脸无毛部位发紫；病鸡下颌肿胀、发硬。胫部以下鳞片发红或发紫，鳞片下出血。病鸡或死鸡全身皮肤发紫或发红。

⑤ 鸡感染低致病性禽流感后，可破坏免疫系统，导致严重的免

疫抑制；可继发大肠杆菌、气囊炎，造成较高的致死率。

（2）主要病理变化

① 低致病性禽流感跗关节以下胫部鳞片出血。

② 肺脏坏死，气管栓塞，气囊炎。肺脏大面积坏死是肉鸡发生流感的一个特征性病变。肺脏瘀血、水肿、发黑；鼻腔黏膜充血、出血，气管环状出血，内有灰白色黏液或干酪样物；气囊混浊，严重者可见炒鸡蛋样黄色干酪样物；支气管、细支气管内有黄白色干酪样物。气囊中出现干酪样物，引发气囊炎，临床上多见胸、腹腔的气囊中出现干酪样物。

③ 引起肾充血。鸡常见肾脏肿大，紫红色，花斑样，此种现象与肾型传染性支气管炎、痛风等病有相似之处。鉴别诊断在于肾型传染性支气管炎机体脱水更严重，尸体干硬，皮肤难于剥离，死态多见两腿收于腹下；肾型传染性支气管炎一般见不到类似禽流感的多处出血现象。禽流感出现的肾肿、花斑肾和严重肾出血，使用通肾药物效果不明显。

④ 皮下出血。病鸡头部皮下胶冻样浸润，剖检呈胶冻样；颈部皮下、大腿内侧皮下、腹部皮下脂肪等处，常见针尖状或点状出血，这样的点状出血解剖活禽时易发现，而死亡时间长的则看不到。

⑤ 腺胃肌胃出血。腺胃肿胀，腺胃乳头水肿、出血，肌胃角质层易剥离，角质层下往往有出血斑；肌胃与腺胃交界处常呈带状或环状出血。

⑥ 心肌变性，心内、外膜出血；心冠脂肪出血。

⑦ 胰脏边缘出血或灰白色坏死，有时肿胀呈链条状。

⑧ 脾脏肿大，有灰白色的坏死灶。

⑨ 胸腺萎缩，出血。

⑩ 继发严重的肝周炎、心包炎。

26. 如何防控放养鸡的低致病性禽流感？

接种疫苗是预防禽流感的根本措施。现在生产的疫苗有 H9N2 亚型疫苗、禽流感 H5+H9 二价灭活疫苗、重组禽流感病毒灭活疫苗 H5N1 亚型 Re-1 株、Re-4 株等。

目前使用的低致病性禽流感疫苗是 H9N2 亚型疫苗，从多年的使用效果来看，产生抗体滴度高，维持时间长，有效抗体水平可以维持 5~6 个月，保护效果良好。特别需要提醒的是 H9 亚型禽流感的流行在国内已有 10 多年的历史，现已成全国分布，不免疫鸡群发病是必然的。

免疫程序：20~30 日龄首免，产蛋前二免，以后根据抗体检测结果决定免疫时间。无抗体检测条件的可 4~5 个月免疫一次。

对于低致病性禽流感，确诊后用疫苗紧急免疫接种，一般在接种后 2~3 周可以控制疾病流行，同时使用抗生素控制继发感染。

27. 怎样诊断放养鸡传染性法氏囊病？

鸡传染性法氏囊病是由鸡传染性法氏囊病病毒引起的雏鸡的一种急性、高度接触性传染病。本病主要感染 2~16 周龄鸡，3~6 周龄时最易感。本病一年四季都能发生，但以 5—7 月发病较多。目前，本病是危害我国养鸡业最严重的传染病之一。该病毒在自然界存活时间较长，在病鸡舍中的病毒可存活 122 天。病毒对乙醚、氯仿、酚类、升汞和季铵盐等都有较强的抵抗力，但以含氯化合物、含碘制剂、甲醛敏感。本病只感染鸡，但经研究麻雀也可以带毒。污染的饲料、饮水、垫草、用具等皆可成为传播媒介。主要经呼吸道、眼结膜及消化道感染。根据流行病学特点、特征症状和病变可对本病做出初步诊断。

（1）临床症状　本病潜伏期短，感染后 2~3 天就出现症状。早期为厌食、呆立、畏寒战栗，精神不振，缩头乍毛等。随后病鸡排白色或黄白色水样便，肛门周围羽毛被粪便污染。病鸡扎堆，严重者垂头缩颈，对外界刺激反应迟钝，发病 1~2 天内死亡，死亡率直线上升，5~7 天达到死亡高峰，随后死亡下降。病鸡耐过后出现贫血、消瘦、生长缓慢、饲料利用率低。当本病与支原体病等合并感染时，病鸡不仅病情加重，死亡率高，而且病程加长，伴有明显的呼吸道症状。病鸡常继发感染鸡新城疫、大肠杆菌病、球虫病等。

（2）病理变化　病死鸡脱水，皮下干燥，胸肌和两腿外侧肌肉条纹状或刷状出血。法氏囊黄色胶冻样渗出，囊浑浊，囊内皱褶出血，严重者呈紫葡萄样外观。肾脏肿胀，花斑肾，肾小管和输尿管有白色尿酸盐沉积。

28. 如何防控放养鸡传染性法氏囊病?

该病目前无特效治疗药物，免疫接种和综合防治措施是控制该病的主要方法。还有一些有效的辅助治疗。

（1）免疫接种　在定购鸡苗的时候要选择母源抗体高的鸡场，进鸡后采用琼扩法测定雏鸡的母源抗体，根据母源抗体水平确定雏鸡的首免时间。没有条件检测的鸡场，一般可采用 10~14 天首免，18~22 天二免。所用的疫苗为中等毒力疫苗。另外，本病虽然没有特效药，但在发病早期可以采用传染性法氏囊炎高免血清或高免蛋黄液注射治疗，有较好的治疗效果。如果混合细菌感染要使用抗生素治疗。

（2）中药治疗

方一：黄芪 30 克，黄连、生地、大青叶、白头翁、白术各 150 克、甘草 80 克，供 500 羽鸡，每日 1 剂，每剂水煎 2 次，取汁加 5% 白糖饮水服用，连服 2~3 剂。

方二：生地、白头翁各 4 克，金银花、蒲公英、丹参、茅根各 3 克，水煎 2 次，取汁加适量糖，供 10 羽鸡饮用，每日 1 剂，连用 3 日。

（3）综合防控　实行全进全出制度，加强饲养管理，提高环境控制措施，给鸡群提供良好的环境，避免应激，如噪声，陌生动物、野兽等闯入等。可以饲喂微生态制剂，调节肠胃功能，增强机体免疫力。

29. 放养鸡鸡痘是怎样发生的? 怎样防控?

鸡痘是由鸡痘病毒引起的一种接触性传染病，以体表无毛、少毛处皮肤出现痘疹或上呼吸道、口腔和食管黏膜的纤维素性坏死形成假膜为特征。死亡率一般不高，但影响鸡群的生产性能。因外观影响产品质量，消费者拒食，即便能勉强购买，售价也很低。

皮肤型：主要在皮肤无毛处如冠、肉髯、眼皮等处有麸皮样覆盖物，形成白色结节，结节互相融合成为棕褐色痘痂，痘痂经 20~30 天脱落后形成瘢痕。

白喉型：口腔和咽喉的黏膜上形成一层灰白色豆腐样薄膜，覆盖在黏膜上不易剥离，导致鸡呼吸和吞咽困难，严重时窒息死亡。

病鸡皮肤上的结痂和口腔、咽喉的假膜可用镊子剥离，涂搽碘甘油局部治疗。

预防鸡痘最有效的方法是接种鸡痘鹌鹑化弱毒疫苗。夏秋季节，建议于 5~10 日龄接种鸡痘鹌鹑化弱毒冻干苗 200 倍稀释，摇匀后用消毒刺种针或笔尖蘸取，在鸡翅膀内侧无血管处进行皮下刺种，每只鸡刺种一下。刺种后 3~4 天，抽查 10% 的鸡作为样本，检查刺种部位，如果样本中有 80% 以上的鸡在刺种部位出现痘肿，说明刺种成功。否则应查找原因并及时补种。夏季做好放养场地的灭蚊蝇工作。

30. 马立克氏病病毒是怎样传播的？

马立克氏病是（MD）由疱疹病毒引起的鸡的一种最常见的淋巴组织增生性肿瘤病，是放养鸡需要特别注意防控的重点疾病。其传播特点如下。

（1）易感动物主要是鸡、火鸡、山鸡和鹌鹑等　其他禽类少见，非禽类不易感。

（2）本病主要通过空气传染　病鸡和带毒鸡脱落的羽毛、皮屑成为自然条件下最主要的传染源。本病毒主要经呼吸道进入体内，也可经消化道传染。一般认为本病不垂直传播，但经孵化厂的传染或被污染的种蛋传染是主要的途径，主要是由于刚出壳雏鸡易感性极高的缘故。吸血昆虫如某些甲虫、蚊子和鸡螨，也可能是传播本病的媒介。

鸡马立克氏病可使幼龄鸡感染，并终生带毒，感染的鸡不一定都出现症状，无症状的鸡并非不带病毒。因此，隐性感染带毒鸡是鸡群中传播本病的祸根，通过鸡蛋传染本病的可能性不可忽视。

（3）鸡马立克氏病的发病率差别大　患本病后，除少数病鸡能痊愈康复外，一般都死亡。其病死率与发病率几乎相等。病毒的株系、剂量和感染途径，鸡的性别、遗传特性和年龄，以及应激因素等，都能影响本病的发病率和死亡率。严重的发病常与环境应激因素或其他疾病，特别是球虫病有关。母鸡比公鸡易感。随着年龄的增长，其易感性降低。人工接种试验，1日龄雏鸡的易感性比成年鸡大1 000~10 000倍。用同一株病毒接种1日龄和50日龄雏鸡，结果两群鸡的发病率分别为73%和6%。鸡群对本病具有年龄抵抗力的现象。2~5月龄的鸡易发，育成鸡群易发急性病例。遗传特性在本病的感染上具有重要作用。

31. 鸡马立克氏病的临床表现可以分为哪几种类型？

本病的潜伏期常为3~4周，一般在50日龄以后出现症状，70日龄后陆续出现死亡，90日龄以后达到高峰，很少晚至30周龄才出现症状，偶见3~4周龄的幼龄鸡和60周龄的老龄鸡发病。

本病的发病率变化很大，一般肉鸡20%~30%，个别达60%，产蛋鸡10%~15%，严重达50%，死亡率与之相当。

根据临床表现分为神经型、内脏型、眼型和皮肤型等四种类型。

（1）神经型　常侵害周围神经，以坐骨神经和臂神经最易受侵害。当坐骨神经受损时病鸡一侧腿发生不全或完全麻痹，站立不稳，两腿前后伸展，呈"劈叉"姿势，为典型症状。当臂神经受损时，翅膀下垂；支配颈部肌肉的神经受损时病鸡低头或斜颈；迷走神经受损鸡嗉囊麻痹或膨大，食物不能下行。一般病鸡精神尚好，并有食欲，但往往由于饮不到水而脱水，吃不到饲料而衰竭，或被其他鸡只践踏，最后均以死亡而告终，多数情况下病鸡被淘汰。

（2）内脏型　常见于50~70日龄的鸡，病鸡精神委顿，食欲减退，羽毛松乱，鸡冠苍白、皱缩，有的鸡冠呈黑紫色，黄白色或黄绿色下痢，迅速消瘦，胸骨似刀锋，触诊腹部能摸到硬块。病鸡脱水、昏迷，最后死亡。

（3）眼型　在病鸡群中很少见到，一旦出现则病鸡表现瞳孔缩小，严重时仅有针尖大小；虹膜边缘不整齐，呈环状或斑点状，颜色由正常的橘红色变为弥漫性的灰白色，呈"鱼眼状"。轻者表现对光线强度的反应迟钝，重者对光线失去调节能力，最终失明。

（4）皮肤型　较少见，往往在屠宰鸡只时褪毛后才发现，主要表现为毛囊肿大或皮肤出现结节。临床上以神经型和内脏型多见，有的鸡群发病以神经型为主，内脏型较少，一般死亡率在5%以下，且当鸡群开产前本病流行基本平息。有的鸡群发病以内脏型为主，兼有神经型，危害大损失严重，常造成较高的死亡率。

32. 鸡马立克氏病有什么病理变化？

神经型病变主要在周围神经，尤为常见的是腹腔神经丛、臂神经丛、坐骨神经丛和内脏大神经。病变的神经肿大，有的比正常肿大好几倍，呈灰白色或黄白色，水肿，好像在水中泡过一样。神经表面偶然可看到小结节，使神经变得粗细不均。这些变化由神经组织中有大量淋巴样细胞浸润和水肿所造成。病变的神经多是一侧性的，因此，很容易与另一侧变化轻微的神经相比较。

内脏型病鸡的病理变化是在卵巢、睾丸、肝、心、肺、脾、肾、胰、肠系膜、腺胃、肠壁、骨骼肌等部位。可能发生单独的或多个的淋巴性肿瘤病灶，有肿瘤病变的脏器常肿大色淡，肿瘤组织弥漫地浸润在脏器实质内，肿瘤的大小不一，呈扁平或圆形，切面平滑。法氏囊常萎缩，组织学检查可见皮质及髓质萎缩、坏死，滤泡间有淋巴样细胞浸润，这与淋巴细胞性白血病不同。

33. 怎样诊断马立克氏病？

可根据病鸡的特征性的麻痹症状，全身进行性消瘦以及病变进行综合诊断。但要注意，内脏型病鸡的临床症状往往不甚明显，要确诊还须采取病鸡的周围神经（如坐骨神经）做组织学检查。有条件时，也可应用琼脂扩散试验、荧光抗体检查和间接红细胞凝集试验等血清学方法诊断。

琼脂扩散反应的方法比较简单，是用马立克氏病高免血清来测定病鸡的羽囊有无病毒存在，借以确诊。可在病鸡腋下拔取1根羽毛，剪下毛根尖一小段，放在琼脂扩散板的外周检验孔内，每只鸡的1根羽毛占用1个孔；再将一定量的马立克氏病高免血清放入扩散板中央孔内，在室温中放置2~3天。观察反应结果，放羽毛的孔和血清的中央孔之间，如出现1条白色不透明的细线条（沉淀线）即为阳性反应。血清学试验只能确定是否感染，不能确定是否发生肿瘤。病鸡出现下列一种或多种征象，即可作为马立克氏病的诊断：① 周围神经或脊神经节发生白血病性增大；② 眼球的虹膜褪色，瞳孔不整齐；③ 在18周龄以内的鸡，各种器官中出现淋巴性肿瘤。

34. 如何防治放养鸡马立克氏病？

① 对鸡群，特别是种鸡场，必须严格彻底地做好检疫工作，发现病鸡，立即隔离淘汰，彻底消灭本病的传染源。

② 雏鸡对马立克氏病的易感性最高，必须与成年鸡分开饲养管理，防止接触。

③ 严格进行鸡群的消毒、卫生防疫，定期进行药物驱虫，特别要加强对雏鸡球虫病的防治。

④ 有条件的种鸡场应该注意选育对马立克氏病有抵抗力的品系。

⑤ 坚持自繁自养，在必需引进良种时，应到健康种鸡场购进种蛋（鸡）。

⑥ 及时免疫接种，提高特异性抵抗力。通常情况下，雏鸡在孵化场内就已经做过马立克氏病的免疫，养殖户在购入雏鸡时要问清楚。

目前我国生产和使用的疫苗有火鸡疱疹病毒疫苗、马立克氏病"814"弱毒疫苗和马立克氏病多价疫苗。

A. 火鸡疱疹病毒疫苗。是目前较常用的一种预防马立克氏病的疫苗，由于接种此疫苗的雏鸡在1~2周后才能产生免疫保护力，因此，为了避免早期感染野外强毒，须在雏鸡1日龄时接种。我国生产的鸡马立克氏病火鸡疱疹病毒冻干疫苗，要求必须冷藏包装运输，收到疫苗后应立即存放在0℃以下环境中保存。也可放在加冰块的广口瓶内，尽快用完。疫苗应贴瓶签，注明制品名称、批准文号、批号、制造日期、每瓶只份、保存方法、有效期、检验号及厂名等。适用于1~3日龄雏鸡。使用冻干苗时，按瓶签注明只份和注明剂量，加SPG稀释液（SPG液配法：每1 000毫升无离子水中含蔗糖76.62克、磷酸二氢钾0.52克、磷酸氢二钾1.64克或无水磷酸氢二钾1.25克、谷氨酸钠0.83克，滤器滤过，经检验无菌后冷冻保存备用）稀释，每只鸡肌内或皮下注射0.2毫升（含2 000蚀斑单位）。疫苗稀释后，周围应置有冰块并避免日光照射，在1~2小时内用完，时间延长，影响苗效。接种 10~14 天后可产生免疫力，免疫期可持续 18 个月。发生过本病的鸡场，接种时，场地、禽舍先清洁消毒。接种后，加强管理，隔离观察 3 周。

B. 鸡马立克氏病"814"弱毒疫苗。是用低毒力的马立克氏病毒弱毒株（814 株）制成，适用于 1~3 日龄雏鸡，由于"814"弱毒株是细胞结合性病毒，疫苗必须在液氮中保存。使用时，自液氮罐中取出后迅速放入 38℃温水中，待完全融化后再按注明的只份、剂量用疫苗稀释液稀释，每只雏鸡肌内或皮下注射 0.2 毫升。稀释的疫苗应避免日光照射，1 小时内用完，经常摇动疫苗瓶，使之均匀。接种后 8 天可产生免疫力，免疫期可持续 18 个月。

C. 马立克氏病 CVl988 / Rispens 冷冻疫苗。1 日龄小鸡皮下注射 0.2 毫升，5 天后产生抗体，保护指数可达到 94.5%~100%。

D. 马立克氏病多价疫苗。有 SB-1+ 火鸡疱疹病毒双价疫苗、Z4+ 火鸡疱疹病毒双价疫苗等，免疫效果良好。

35. 鸡大肠杆菌病的传播途径有哪些？

大肠杆菌病，是由致病性大肠埃希氏菌引起的鸡的非肠道传染病的总称。鸡发生大肠杆菌病时出现多种病型，主要有急性败血症、大肠杆菌性肉芽肿、脐炎、输卵管炎和腹膜炎等。蛋鸡常见腹膜炎和输卵管炎，雏鸡常见脐炎，肉鸡常见心包炎、肝周炎、腹膜炎等。

本病各种日龄鸡都能感染，蛋鸡在雏鸡阶段更易感。成年鸡发生本病，除死亡造成的直接损失外，还引起产蛋量下降以及淘汰鸡商用价值降低。由此可见大肠杆菌病的危害是不容忽视的。本病一年四季均可发生，但以冬末春初较为多见。如果饲养密度大，场地陈旧、环境已被严重污染，本病则可随时发生。本病可以通过三种传播途径进行传播。

（1）通过种蛋传播 一方面种蛋产出后被粪便等脏物污染，在蛋温降至环境温度的过程中，蛋壳表面污染的大肠杆菌很容易通过蛋壳屏障进入蛋内，发生蛋外感染；另一方面患有大肠杆菌性卵巢和输卵管炎的母鸡，在蛋的形成过程中本菌即可进入蛋内，这样就造成本病的垂直传播。

（2）通过呼吸道传播　10~20日龄雏鸡或6~10周龄育成鸡的气囊炎、败血症等多由呼吸道感染而发生。禽致病性大肠杆菌污染空气后被易感禽只吸入，进入下呼吸道后侵入血液而引起发病；经呼吸道侵入后也可直接附着在气囊上，大量增殖，引起气囊炎和败血症。

（3）通过消化道感染　致病性大肠杆菌，经粪便排出后，污染了饲料、饮水，继而引起本病发生，尤以水源被污染引起发病为常见。

36. 鸡大肠杆菌病有什么临床表现和剖检变化？

（1）败血症　雏鸡较易发生，主要表现为精神不振，采食下降，严重的死亡率可达50%。剖检可见：心包炎，心肌有结节性肉芽肿，有干酪样渗出；肝周炎，肝肿大、坏死；气囊炎，气囊浑浊、增厚；输卵管炎症。成年鸡发生肿头综合征，产蛋下降，常伴有腹膜炎、眼炎。

（2）出血性肠炎　正常情况下，本病菌一般寄生在肠道的后段，但当发生应激或者管理不善等因素，病菌就会在肠前段引起疾病。剖检可见前段肠黏膜出血、增厚。

（3）其他炎症　大肠杆菌根据侵害部位不同，表现炎症也不同，还可引起病鸡跛行或呈伏卧为滑膜炎和关节炎，剖检可见一个或多个腱鞘、关节发生肿大；大肠杆菌还可引起全眼球炎、脑炎。种蛋内的大肠杆菌可引起雏鸡的脐带炎，在鸡2~4日龄就开始死亡，死亡鸡只脐部肿大、发炎，卵黄膜内有干酪样渗出物。

37. 怎样防治鸡大肠杆菌病？

（1）防控

① 选择质量好、健康的鸡苗，这是保证后期大肠杆菌病少发的一个基础。

② 大肠杆菌是条件性致病菌，所以良好的饲养管理和饲养环境是保证该病少发的关键。放养前，要检查放养区内的水源有否被大肠杆菌污染，如有则应隔离，不要让放养鸡直接饮用；保持育雏室适当温度及适宜的饲养密度；用具经常清洁和消毒；种蛋及时熏蒸。

③ 适当的药物预防。药物的选择可根据鸡只的不同日龄，多听

从兽医专家的建议，不可滥用。

（2）治疗 广谱的抗生素对本病有较好的疗效，但是经常使用一种抗生素大肠杆菌容易产生耐药性，会降低治疗效果。最好进行药敏试验，选出最佳的治疗药物。在抗生素的使用过程中，要注意不使用国家规定的禁用药，对可以使用的药物也要注意控制剂量，合理使用。建议使用中药治疗，可用黄连1份、黄柏1份、黄芩1份、大黄0.6份，配合后每羽0.3~1克，连用3~4天。

38．鸡白痢有哪些主要症状和病理变化？

鸡白痢是由鸡白痢沙门氏菌引起的雏鸡的一种急性、败血性传染病。2周龄以内的雏鸡发病率和死亡率都很高，成年鸡多呈慢性经过，症状不典型，但带菌种鸡可通过种蛋垂直传播给雏鸡，还可通过粪便水平传播。大多通过带菌的种蛋进行垂直传播。如果孵化了带菌的种蛋，雏鸡出壳1周内就可发病死亡，对育雏成活率影响极大。育成期虽有感染，但一般无明显临床症状，种鸡场一旦被污染，很难根除。

感染种蛋孵化时，一般在孵化后期或出雏器中可见到已死亡的胚胎和即将垂死的弱雏。

早期急性死亡的雏鸡，一般不表现明显的临床症状；3周以内的雏鸡临床症状比较典型，表现为怕冷、尖叫、两翅下垂、反应迟钝、减食或废绝，排出白色糊状或白色石灰浆状的稀粪，有时粘附在泄殖腔周围。因排便次数多，肛门常被黏糊封闭，影响排粪，常称"糊肛"，病雏排粪时感到疼痛而发生尖叫声。鸡白痢病鸡还可出现张口呼吸症状。

有的可见关节肿大，行走不便，跛行，有的出现眼盲。其引起的发病率与死亡率从很低到80%~90%不等，2~3周龄时是其高峰，3或4周龄以后，虽有发病，但很少死亡，表现为拉白色粪便，生长发育迟缓。康复鸡能成为终身带菌者。

雏鸡白痢病死鸡呈败血症经过，鸡只瘦小，羽毛污秽，肛门周围污染粪便、脱水、眼睛下陷、脚趾干枯。卵黄吸收不全；心包增厚，心脏上常可见灰白色坏死小点或小结节肉芽肿；肝脏肿大，并可见点状出血或灰白色针尖状的灶性坏死点；胆囊扩张充满胆汁；脾脏肿大，质地脆弱；肺可见坏死或灰白色结节；肾充血或贫血褪色，输尿管显著膨大，有时个别在肾小管中有尿酸盐沉积。肠道呈卡他性炎症，特别是盲肠常可出现干酪样栓子。

39. 怎样防治鸡白痢？

加强实施综合性卫生管理措施，结合合理用药是防治本病的关键。种鸡应严格执行定期检疫与淘汰制度。种鸡在 140~150 天进行第一次白痢检疫，视阳性率高低再确定第二次普检时间，产蛋后期抽检，对检出白痢阳性种鸡要坚决淘汰。收集的种蛋用甲醛熏蒸消毒后再送入蛋库贮存，种蛋进入孵化器后及出雏时都要再次消毒。

① 对雏鸡（开口时）可选用敏感的药物加入饲料或饮水中进行预防，防止早期感染。

② 保证鸡群各个生长阶段、生长环节的清洁卫生，杀虫防鼠，防止粪便污染饲料、饮水、空气、环境等。

③ 改进生产模式，实行全进全出的饲养模式，推行自繁自养的管理措施。

④ 加强育雏期的饲养管理，保证育雏温度、湿度和饲料的营养。

⑤ 治疗原则：抗菌消炎，提高抗病能力。可选择敏感抗菌药物预防和治疗，防止扩散。

⑥ 在饲料中添加微生态制剂，利用生物竞争排斥的现象预防鸡白痢。常用的商品制剂有促菌生、强力益生素等，可按照说明书使用。

⑦ 定期检疫，净化鸡群。种鸡场必须适时检疫，一般是挑选或引进健康种鸡、种蛋，建立健康种鸡群，种鸡 70 日龄进行全血平板凝集试验，及时淘汰检出的所有阳性鸡。以后每隔一个月检测一次，达到净化目的。种蛋入孵前要熏蒸消毒，同时要做好孵化环境、孵化器、出雏器及所有用具的消毒。

40. 怎样防治鸡伤寒、鸡副伤寒？

鸡伤寒由禽伤寒沙门氏菌引起的主要发生于育成鸡和产蛋鸡的一种呈急性或慢性败血型疾病。本病主要感染鸡，4~20 周龄的青年鸡易感,特别是8~16周龄鸡最易感。带菌鸡是本病的主要传染源,主要通过粪便感染,也可通过眼结膜或其他介质机械传播,也可通过被污染的种蛋垂直传播给雏鸡。毒力强的菌株引起较高死亡率,病鸡精神差、贫血,冠和肉髯苍白皱缩,拉黄绿色或绿色稀粪。肝、脾、肾肿大,肝呈浅绿、棕色或青铜色,有时肝表面有出血条纹或灰白色栗状坏死小点;肠道有卡他性炎症,肠黏膜有溃疡,以十二指肠较严重。

鸡副伤寒是由鼠伤寒、肠炎等沙门氏菌引起的疾病的总称。主要发生于4~5日龄雏鸡,可引起大批死亡。以下痢、结膜炎和消瘦为特征。人吃了经污染的食物后易引起食物中毒,应引起重视。

本病主要通过消化道和种蛋传播,也可通过呼吸道和皮肤伤口感染,一般多呈地方性流行。雏鸡多呈急性败血症经过,成年鸡多呈隐性感染。

临床症状和病理变化基本同鸡白痢。急性死亡的雏鸡剖检变化不典型,病程稍长的雏鸡可见消瘦、脱水、蛋黄吸收不良,肝、脾、肾肿大明显,充血变红;慢性经过的雏鸡出现青铜肝、肠道有出血或坏死性炎症,内容物呈绿色胆汁样,成年鸡卵泡变性、变色,常呈黑色或绿黑色。盲肠有干酪样栓塞。

鸡伤寒、鸡副伤寒的防制措施同鸡白痢。

41. 怎样诊断放养鸡霍乱?

鸡巴氏杆菌病又叫鸡霍乱,是由多杀性巴氏杆菌引起的接触性疾病,也是放养鸡需要重点防控的疾病之一。该菌为革兰氏阴性菌,主要致病血清型为A型,对外界抵抗力不强,普通消毒药就有良好的灭菌效果,日光有很强的灭菌效果。一般产蛋鸡群容易发生,经常因应激因素引起。慢性感染的鸡成为重要的污染源,可以通过呼吸道、消化道和眼结膜来感染。粪便中很少含有该菌。通过临床症状和病理变化可以作出初步诊断。

(1)临床症状 自然感染的潜伏期为2~9天。

① 最急性型。常见于流行初期,以产蛋高的鸡最常见。病鸡无前驱症状,晚间一切正常,次日发病死在鸡舍内。

② 急性型。此型最为常见，病鸡主要表现为精神沉郁，羽毛松乱，缩颈闭眼，头缩在翅下。病鸡体温升高，饮水增加，伴有腹泻，排出黄色、灰白色或绿色的稀粪。鸡冠和肉髯变青紫色，有的病鸡肉髯肿胀。病鸡口、鼻分泌物增加。土鸡产蛋期产蛋量突然下降40%~70%。

③ 慢性型。多见于流行后期，由急性不死转变而来。可引起慢性呼吸道炎、慢性肺炎和慢性胃肠炎。病鸡鼻孔有黏性分泌物流出，鼻窦肿大。病鸡腹泻，进行性消瘦，精神委顿，冠苍白。有些病鸡一侧或两侧肉髯显著肿大，随后可能有脓性干酪样物质；有的病鸡有关节炎，表现为关节肿大、脚趾麻痹，继而跛行。病程可拖至一个月以上，但生长发育和产蛋长期不能恢复。

（2）病理变化

① 最急性型。死鸡无明显病变。

② 急性型。特征病变是病鸡的腹膜、肠系膜、黏膜常见有小的出血点，肝肿大，变脆易碎，表面有许多白色针尖大的坏死点，肌胃和十二指肠出血，发生出血性肠炎。

③ 慢性型。侵害呼吸道时，可见鼻腔内有黏液，肺硬化；侵害关节时，可见关节肿大、变形，有炎性渗出物或干酪样坏死。侵害卵巢，可见卵巢出血，卵泡变形。

42. 怎样防治放养鸡霍乱？

预防本病，只要放养时采取全进全出制度，严格执行放养场地卫生防疫制度，预防本病的发生是完全有可能的。

发该病后，可以经过药敏试验，选出该菌敏感的药物，全群投药，一般可以取得良好的治疗效果。使用微生态制剂，对预防本病有一定的积极作用，一般不采用疫苗免疫。如果鸡场该病流行严重，可以取自己鸡场的病料，培养细菌，制作自家鸡场的灭活苗，注射鸡群，可以取得满意的预防效果。

43. 怎样诊治放养鸡球虫病？

放养鸡球虫病是由于球虫寄生引起的以出血性肠炎为主要特征的

鸡的寄生虫病，该病对放养土鸡危害很大，发病可引起30%~50%的死亡。该病主要是由于鸡食入了含有球虫孢子的卵囊而感染，仅通过消化道感染。病鸡和携虫鸡是该病的传染源，该虫可以通过污染的器具、饮水、饲料及饲养员等中间媒介传染。

（1）临床症状　感染本病最重要的特征是：病鸡排带血样粪便。寄生虫感染的症状表现为：初期精神委顿，采食减少，饮水增加，被毛蓬乱，间歇性下痢。后期逐渐消瘦，贫血，发育迟缓，成鸡产蛋下降。多数鸡于发病后6~10天死亡，3月龄内的鸡死亡率50%，3月龄以上的病鸡多数转为慢性型。

（2）病理变化　球虫主要侵害盲肠，剖检可见盲肠肿大，肠内充满暗红色血液，盲肠上皮变厚，严重的肠内有干酪样坏死物，肠膜糜烂。

（3）诊治　根据流行病学与临床症状可初步诊断，从粪便中检查出球虫卵可以确诊。可使用抗球虫药，如磺胺氯吡嗪钠、地克珠利等，但要注意两种不同的药物交叉使用。在土鸡的饲养过程中，可根据本场是否发生球虫病的实际情况，定期使用抗球虫药物。还可以使用促进肠道黏膜修复的药物，如：维生素，也可以同时使用抗生素类药物消炎，防止继发感染。预防该病市场上有疫苗使用，但在未流行区不提倡使用。

44. 如何诊治放养鸡蛔虫病？

鸡蛔虫病是由禽蛔属的鸡蛔虫寄生于鸡的小肠引起的一种寄生虫病。鸡蛔虫是鸡消化道中最大的一种线虫。雌虫较雄虫粗大，虫卵呈椭圆形，呈深灰色，壳厚而光滑。雌虫在小肠内产卵，卵随粪便排出体外，污染地面、饲料和饮水。健康鸡主要是吞食了被感染性虫卵污染的饲料和饮水而感染。该病的发生以秋季和初冬为多，春季和夏季则较少。由于放养土鸡直接接触地面，被感染的机会多，因此，要特别注意防控。

（1）临床症状　雏鸡表现生长发育缓慢，精神不佳，行动迟缓，双翅下垂，羽毛松乱，呆立不动，鸡冠、肉髯、眼结膜苍白、贫血；消化机能障碍，食欲减退，下痢和便秘交替，有时粪中带有血液，有时还可见随粪便排出的虫体，逐渐衰竭而死亡，成年鸡为轻度感染，不表现症状；感染强度较大时，表现为下痢，产蛋率下降和贫血等。

（2）诊断　根据流行病学、临床症状，一般很难做出诊断。为此，必须检查粪便和尸体。粪便中发现大量蛔虫卵，剖检时发现大量虫体时，才能做出确切诊断。

（3）防治　预防本病须实施全进全出制度，鸡舍及运动场地面认真清理消毒，并定期铲除表土。由地面平养改为网上笼养，使鸡与粪便隔离，减少感染机会。料槽和水槽要定期消毒。及时清除粪便，堆积发酵，杀灭虫卵。做好鸡群的定期预防性驱虫，每批散养土鸡1~2次；发现病鸡，及时用药物治疗。

驱虫药物可用：丙硫咪唑（抗蠕敏），每千克体重15~20毫克，一次性内服；左旋咪唑，每千克体重20~30毫克，一次性内服。

45．鸡卡氏住白细胞原虫病是怎样流行的？

鸡住白细胞原虫病是由住白细胞原虫属的原虫寄生于鸡的红细胞和单核细胞而引起的一种以贫血为特征的寄生虫病，俗称白冠病。主要由卡氏住白细胞原虫和沙氏住白细胞原虫引起。其中，卡氏住白细胞原虫危害最为严重。该病可引起雏鸡大批死亡，中鸡发育受阻，成鸡贫血。

土鸡放养时，因与蠓和蚋的活动密切相关，所以要特别注意防控。蠓和蚋分别是卡氏住白细胞原虫和沙氏住白细胞原虫的传播媒介，因而该病多发生于库蠓和蚋大量出现的温暖季节，有明显的季节性。一般气温在20℃以上时，蠓和蚋繁殖快，活动强，该病流行严重。我国南方地区多发于4—10月，北方地区多发生于7—9月。

46．怎样诊断鸡卡氏住白细胞原虫病？

（1）临床症状

① 雏鸡感染多呈急性经过，病鸡体温升高，精神沉郁，乏力，昏睡；食欲不振，甚至废绝；两肢轻瘫，行步困难，运动失调；口流黏液，排白绿色稀便。

② 12~14日龄的雏鸡因严重出血、咯血和呼吸困难而突然死亡，

死亡率高。血液稀薄呈水样，不凝固。

③消瘦、贫血、鸡冠和肉髯苍白。鸡冠、肉髯上有小米粒大小梭状结节。

（2）病理变化

①咯血。皮下、肌肉，尤其胸肌和腿部肌肉有明显的点状或斑块状出血，各内脏器官也呈现广泛性出血。

②肝、脾明显肿大，质脆易碎，血液稀薄、色淡；严重的，肺脏两侧都充满血液；肾周围有大片血液，甚至在部分或整个肾脏被血凝块覆盖。

③肠系膜、心肌、胸肌或肝、脾、胰等器官，有住白细胞原虫裂殖体增殖形成的针尖大或粟粒大，与周围组织有明显界限的灰白色或红色小结节。

47．怎样防治鸡卡氏住白细胞原虫病？

（1）消灭昆虫媒介，控制蠓和蚋 要抓好三点：一是要注意搞好鸡舍及周围环境卫生，清除鸡舍附近的杂草、水坑、畜禽粪便及污物，减少蠓、蚋滋生繁殖与藏匿；二是蠓和蚋繁殖季节，给鸡舍装配细眼纱窗，防止蠓、蚋进入；三是对放养场地环境，每隔6~7天，用6%~7%的马拉硫磷溶液或溴氰菊酯、戊酸氰醚酯等杀虫剂喷洒1次，以杀灭蠓、蚋等昆虫，切断传播途径。但喷洒农药杀蠓、蚋时，不要放养。

（2）尽早治疗 最好选用发病鸡场未使用过的药物，或同时使用两种有效药物，以避免有抗药性而影响治疗效果。可用磺胺间甲氧嘧啶钠按50~100毫克/千克饲料，并按说明用量配合维生素K_3混合饮水，连用3~5天，间隔3天，药量减半后再连用5~10天即可。

48．怎样防控放养鸡鸡螨？

鸡螨是由不同属的螨虫寄生于鸡的皮肤、羽管和气囊等部位引起的寄生虫病。鸡螨的病原体主要为突变膝螨、鸡皮刺螨、羽管螨、鸡新棒恙螨。

（1）临床表现和病理变化 鸡螨虫病的临床表现，因螨虫的种类不同其临床表现亦不相同。由突变膝螨引起的螨虫病，严重寄生时会影响鸡的运动、采食和产蛋。由鸡皮刺螨引起的螨虫病，则表现为鸡群不能正常休息，骚动不安，低声鸣叫，鸡体贫血，消瘦，不停地梳理羽毛，产蛋鸡的产蛋率下降，幼龄鸡生长发育迟缓，或可因失血过多而发生死亡；该螨虫还可传播禽霍乱和螺旋体病。由鸡新棒恙螨引起的螨虫病，由于幼螨的叮咬，鸡体患部隆起、奇痒，中间凹陷形成痘脐形病灶，病灶中央可见一小红点，用镊子夹取镜检，可见鸡新棒恙螨幼虫，大量寄生时，可见两翅内侧、胸肌两侧和腿的内侧皮肤上布满此种病灶；病鸡贫血消瘦，羽毛松乱，精神沉郁，食欲减退或停食，如不及时进行治疗，可发生死亡。由羽管螨引起的螨虫病，表现为背部、双翅、臀部及腹部等处的羽毛变脆、脱落，变得稀疏，剩下的羽管残干中含有粉末状的物质，镜检可发现大量的羽管螨。

（2）防控 平时对鸡舍和放养场地应每天清扫，清除积水，始终保持运动场清洁、干燥。在鸡舍和运动场、放养场应定期（每隔6~7天）用杀虫剂，如精制敌百虫、二嗪农、溴氰菊酯等喷洒，以杀灭各种螨。鸡皮刺螨和鸡新棒恙螨感染时，可用0.25%的敌敌畏溶液、溴氰菊酯等杀虫剂带鸡喷雾。施行喷雾必须彻底，对鸡体、垫料、鸡巢、墙壁、栖架等都要喷到，不留死角，尤其要注意鸡体皮肤必须喷湿，否则效果不理想。注意防止农药中毒。

突变膝螨感染时，应先将病鸡的趾浸入温肥皂水中，使痂皮软化后，除去痂皮，涂上20%的硫黄软膏或2%的苯酚软膏，间隔2天再涂1次。用伊维菌素注射液按0.1毫克/千克体重，进行颈部皮下注射，一次即可治愈各种螨虫引起的螨虫病，必要的情况下，7天后可再注射1次。

49. 怎样防控放养鸡有机磷农药中毒？

有机磷农药是使用最广泛的高效杀虫剂，常用的有敌敌畏、敌百虫等，这类农药对鸡有很强的毒害作用，稍有不慎即可引起放养鸡发生中毒。此外，残留于农作物、牧草上的少量有机磷对鸡也有毒害作用。

（1）发病原因 由于对农药管理或使用不当，致使中毒。如用有机磷农药在鸡舍杀灭蚊、蝇、害虫或投放毒鼠药饵，被鸡食入或吸入；饮水或饲料被农药污染；防治鸡寄生虫时药物使用不当；其他意外事故等。

（2）临床症状　最急性中毒往往不见任何症状而突然发病死亡。急性病例可见不食、流涎、流泪、瞳孔缩小、肌肉震颤、无力、共济失调、呼吸困难、鸡冠与肉垂发绀，腹泻；后期病鸡出现昏迷，体温下降，常卧地不起衰竭而死。

（3）病理变化　由消化道食入者常呈急性经过，消化道内容物有一种特殊的蒜臭味，胃肠黏膜充血、肿胀、易脱落。肺充血、水肿，肝、脾脏肿大，肾脏肿胀，被膜易剥离。心脏点状出血，皮下、肌肉有出血点，病程长者有坏死性肠炎。

（4）诊断　根据病史，有与农药接触或误食被农药污染的饲料等情况。发病鸡口流涎量多而且症状明显，瞳孔明显缩小，肌肉震颤痉挛等。

（5）治疗　发现中毒病例，消除病因，采取对症疗法。

①灌服白糖水。取白糖先用少量热开水搅拌溶化，再加开水配成20%的白糖溶液。对中毒轻的鸡每只灌服50毫升，雏鸡用量酌减，每隔1小时灌服1次，一般灌服2~3次。将病鸡单独关养，并配以清洁饮水，辅喂软饲料、青菜叶，治愈率可达90%。

②灌服油菜籽水。取油菜籽少许，加水适量，放入锅内煎煮，用纱布过滤取液。中毒严重的鸡每只灌服2~3汤匙，中毒较轻的鸡每只灌服1汤匙即可。

③灌服麻油。将有机磷农药中毒的鸡每只灌服麻油3~5毫升，20~30分钟即可见效。

④灌服甘草汁。甘草加水150克煎汁，与滑石粉10克混匀，供20只鸡灌服，解毒效果明显。

⑤切嗉囊冲洗。重度中毒鸡，可将嗉囊外部鸡毛拔掉消毒，用刀片把皮肤切开，露出嗉囊，切开皮肤后再把嗉囊切开（长度视内容物多少而定），把内容物取出，用0.1%的高锰酸钾溶液或食盐凉开水把嗉囊冲洗干净，填入少量易消化的饲料，用消过毒的针线分别把嗉囊和皮肤缝合，在缝合处撒上消炎粉。手术后12小时内禁喂饲料和饮水，1~2天内喂容易消化的饲料，并控制喂量，5~7天即可痊愈。

参考文献

［1］朱国生，石传林.土鸡饲养技术指南［M］.北京：中国农业大学出版社，2010.

［2］魏刚才，乔凤杰.果园林地生态养鸡［M］.北京：机械工业出版社，2014.

［3］魏清宇，闫益波，李连任.农家生态养土鸡技术［M］.北京：化学工业出版社，2013.

［4］陈宗刚.果园林地散养土鸡你问我答［M］.北京：机械工业出版社，2015.

［5］魏刚才，张遂平.高效养土鸡［M］.北京：机械工业出版社，2014.